刘宗劲 著

高情商

打造你的个人魅力

High EQ Wonderful Life

南方日报出版社
NANFANG DAILY PRESS
中国·广州

图书在版编目（CIP）数据

高情商 ：打造你的个人魅力 / 刘宗劲著. -- 广州 :南方日报出版社, 2015.9（重印）
ISBN 978-7-5491-0918-0

Ⅰ. ①高… Ⅱ. ①刘… Ⅲ. ①情商一通俗读物 Ⅳ. ①B842.6-49

中国版本图书馆 CIP 数据核字(2014)第 094481 号

高情商——打造你的个人魅力 刘宗劲 著

出版发行：南方日报出版社
地　　址：广州市广州大道中 289 号
电　　话：（020）83000503
经　　销：全国新华书店
印　　刷：广州市怡升印刷有限公司
开　　本：787 mm×1092 mm 1/16
印　　张：15.5
字　　数：280 千字
版　　次：2014 年 6 月第 1 版
印　　次：2015 年 9 月第 2 次印刷
定　　价：35.00 元

投稿热线：（020）83000503 **读者热线**：（020）83000502

网址：http://www.nfdailypress.com/index.html

目 录

第三章　妥善管理自己的情绪

第四章　学会自我激励

第五章　学会换位思考

第六章　建立良好的人际关系

序言

作为一名教育工作者，我对情商的关注已经多年。今年3月，在有教育部袁贵仁部长出席的全国政协教育界别联组讨论中，我曾经提出要加强“情商”教育，做足素质教育的“加减法”。会后，新华社记者对我进行了专访。当时我谈到，“智商过分发达，情商极度缺失”是目前中国很多中小学生甚至大学生的真实写照，情商教育已经成为教育的“短板”。不少学生的智力堪与专家PK，却常因心理承受能力弱、人际交往能力差等原因难以健康成长，有的甚至走上犯罪道路。因此，要做好减法，将减负进行到底，为学生“情商”教育腾出时间和空间；要做好加法，即加强“情商”教育，注重学生非智力潜能的开发，提高其生存竞争能力。这个专访刊发后随即被国内各大门户网站转载，引起强烈的社会反响。

没想到，刘宗劲老师今年10月找到我，说当时看到新闻很振奋，因为近八年以来，他一直痴迷于情商的研究并致力于在教学中传播情商，2010年他就计划在2013年完成一本著作《高情商：打造你的个人魅力》。如今书稿刚刚定稿，希望我能为该书作序。

我很高兴，没想到真有人在实实在在做这件事情。读完全书，我觉得有两大主题值得评说：情商和梦想。本来，梦想（自我激励）是情商的题中应有之义，但这部著作的行文风格饱含激情，很励志，所以，需要单列出来谈一谈。此外，情商与教育关联密切，身处教育战线多年，我也想借此机会再次表达对我国教育重智商轻情商的隐忧。

先说情商。和同类书相比，本书有以下三大亮点：

第一，作者以自身经历为蓝本的独特的叙事研究范式。作者很真诚，在情商的阐释过程中，作者对自己的正面、中性和负面个性都做了客观的描述。本书大量使用鲜活的个人事例，通过对生活和工作中一些司空见惯事例的解读，深刻而又通俗易懂地阐释了情商的内涵、情商对于我们一生的意义、提升情商的途径等一系列问题，很容易引起读者共鸣。这种叙事研究范式在众多的情商普及读本中可谓独树一帜。

第二，作者敏锐的观察力和擅长讲故事的能力。书中身边的案例比比皆是，生活和工作中的瞬间点滴，都被作者轻描淡写地融入了情商解读的素材，这让我们不得不感叹作者的细腻和敏感。除了洞察力，会讲故事也是作者的专长。可以说，书中的每一个小故事（例子）都是珍珠，作者用“情商”的精美丝线把这些“珍珠”串在一起，凸显了作者的妙思，让人身临其境，不但会给读者带来阅读的快感，而且启迪性极强。

第三，作者的高情商范本。这一点，对于情商研究特别重要。因为情商不高的人多半不敏感，换位思考能力低，那么，他就很难以走进读者内心的文本方式进行写作。尤其是这种带有自传色彩的情商研究，如果著者自己的情商不高，无论他怎么分析，都没有什么说服力。而本书作者恰好就是一个高情商的真实活版教材，无论是对自己优势和局限的认识、情绪的妥善管理、自我激励、换位思考还是良好人际关系的建立，作者本人都堪称高情商的范本，这使情商的解读很有说服力。而且，作者没有说教，真情实感，零距离交流，以这种很“情商”的方式阐述情商，务实而便于效仿。读完本书，我们发现：生命可以展望，幸福可以追寻，人性原来可以如此的美好！这既是作者的魅力，更是情商的魅力，两者交相辉映，相得益彰。或许，这就是作者将此书取名为“高情商：打造你的个人魅力”的原因吧。

再谈梦想。是否具有自我激励的能力，或者说有没有梦想是判断一个人情商高低的标志之一。因此，在情商的解读中，作者结合自己的追梦历程对梦想做了催人奋进、直抵人心的解读。作者的“我的梦”使壮丽辽阔的“中国梦”这个时代大词变得更有质感，充满了温暖向上的力量，传递了强大的正能量。

作者在书中展露了三个心怀天下的灿烂梦想：成为中国的情商之父；在人类对沟通的理解、阐释和传播进程中，成为少数几个具有里程碑意义的人物之一；《高情商：打造你的个人魅力》和计划以后出版的《沟通的智慧》将影响中国现代化进程中国民的价值判断和人生选择。乍眼一看，作者是否很狂妄？

比如，第一个梦想：成为中国的情商之父。一般而言，“××之父”基本上来自于他人的称誉，很少有人自己这样册封自己的。但看完作者对自己梦想有理有据的解读，一种曼妙的感动得以在我们内心流淌：原来，我们每个人都可以拥有如此张扬而美好的梦想、追求和生命。

第一，这只是作者的潜能和禀赋被自己充分发掘而已。在“认识你自己”这一部分，作者剖析了自己的缺憾和优势，淋漓尽致地呈现了其在随波逐流生活中的狼狈和尴尬，同时也情不自禁地表达了其在认识自己之后实现人生华丽转身的喜悦。我发现，作者活得相当明白，他清楚自己的缺憾，了解自己的优势，他知道怎样扬长避短将自己的潜能发挥到极致。事实上，每个人都是独一无二的，“每个来到这个世界上的人，都是上帝赐给人类的恩宠”，因此，如果能够在人生的每一个阶段都做最好的自己，相信每个人都能够成为某一方面的NO.1。这一点，值得我们每个人反省。

这么说来，作者能够把我们每个人内心深处、精神层面最珍贵的东西揭示出来，不是说他有多厉害，他只是在曲折的人生经历中用心感悟，把自己的潜能和天赋发掘出来了而已，仅此而已。比如，在教学中，作者很受学生欢迎。如果我们因此用“工作认真负责、教学水平高、勤于钻研学术”等世俗的表达来评价他，难免有点牵强附会。他只不过是发自内心地热爱教育，愿意用全部心血投身其中，并从中得到乐趣，且永远不舍它而去而已。相信读者在阅读中能充分感受到，作者对心中执著追求的东西已经真实地融入到了其生命的激情和对事业的追求之中，因为这既是他的钟爱，也是他的梦想。

这一点，也是此书对梦想阐释颇为闪光的地方，即本书生动而又富有逻辑地分析了梦想的实现路径，相信将激励无数人走向更有价值的人生。梦想，是人类亘古以来的不懈渴求。很多时候，我们谈梦想时有点浪漫主义色彩，往往是就梦想论梦想，比如，我们要志存高远，不懈努力，追逐梦想人生。作者则另辟蹊径，以其艰难的心路历程为例，说明并不是所有的梦想都能实现，梦想有时就是空想，因为“命里八尺，难求一丈”。怎样才能实现自己的梦想？朝自己的天性发展。一个人只有通过认识自己的局限才能过上有意义的生活。因此，作者得出结论：“我的梦想，既是我个人的梦想，同时也是人类的梦想。每个人只要能够发现自己的潜能和优势，努力向上，每个人都能成就天才的梦想，每个人都能成就不朽的传奇。”

第二，作者有着强烈的励志精神。作者对生活很有激情，尽管他现已年过四十，但内心深处仍然饱含着对未来美好生活的执着追求。书中写道：“很多人，大学毕业以后，就把青春和激情埋葬在了校园。我没有，您同样可以没有。”作者的梦想首先体现在生活中，他对生活始终满怀热情，在生活中感受着美、发现着美。当然，作者不仅爱做“梦”，同时，他还是梦想的坚定实践者，作者用两三千字的笔墨描述了其备考硕士研究生的经历，颇让人动容。相信很多人都有过那种为了得到一样东西而不顾一切地奋斗和付出的经历，我自己也曾有过，我能充分感受到作者那种苦后甘甜的百感交集。作者在厦门大学无意中浏览到《掌声响起来》歌词时的倾盆泪水，同样让人慨叹作者梦想之路的执著、艰辛、欢乐和幸福。所以，作者称自己会“成为中国的情商之父”不是因为他想把自己抬得多高，而是因为他自己成天就是这么想的。

情商和智商是孪生兄弟。书中在不少地方谈到了情商与教育的关联，针砭当前教育把“圆形孩子”“硬按在方孔里”，反复阐明“天生我材必有用”的哲理，为莘莘学子指点了迷津。我从事教育工作已近三十年，对此也有不少感触。我们的教育没有把塑造一个人的健全人格作为其首要任务，学校没有给予他们人生成长真正需要的东西，没有教育他们如何从内在而不是外在汲取力量。我们流水线式的教育只关注智商，没有注重对学生同样重要的情商培养。书中谈到，当前大学毕业生面临毕业找工作时，绝大多数都茫然不知所措，只得像无头苍蝇那样盲目地去“撞”自己的未来。这在中国是一个普遍现象。“如果我们从小到大的教育能够以情商教育为契机，创造条件让学生捕捉兴趣爱好以及生命中的亮光，培养学生自我选择的意识，那么，也不至于大多数学生毕业时对自己可能的人生走向感觉措手不及，只能到了工作以后才能艰难寻觅。”

其实，生命之所以令人神往，就是因为每个生命都有独特的芬芳，每个心灵都有七彩的美丽，每个人内心都有一个专属于他自己的发动机，即每个人都有自己独特的天赋，珍贵而不可替代。但我们的教育从来没有关注学生的兴趣，没有因材施教，更没有个性化的培养。“事实上，兴趣和潜能往往是孪生兄弟。兴趣通常是潜能的外显形式，每个人的某种兴趣背后正是与兴趣相对应的潜能，很多人的潜能也往往是在追逐兴趣的过程中偶然发现的。从这种意义上讲，所谓大师，大概就是那些能将自己的兴趣爱好发挥到极致的人，因为他们通过兴趣尽情释放了自己的潜能和才情。”因此，理想的教育应该在学生的情商教育方面多下功夫，使我们的学生成为真正的人，使其理解他们个性中的有意识的和无意识的组成部分，从而增进个体对生命的理解、控制、美化和享受。

我们知道，教育分为家庭教育、学校教育和社会教育。这本书不但对我们的老师具有启发意义，对家长同样具有启发意义。在中国有着“治沙愚公”之称的日本“圣人”远山正瑛说：“孩子是看着父辈的背影长大的。”在影响孩子的情商方面，父亲和母亲拥有最好的机会。从这种意义上讲，要提高孩子的情商，首先要提高父母的情商。如果家长通过这本书能够意识到某些东西，比如，引导孩子按其天性快乐发展，而不是把读书学习作为孩子唯一的目标任务，这既是孩子个人之福，也是家庭之福、社会之福、国家之福。因为，无论如何，一个人发自内心的快乐和幸福才是最重要的，也是我们最应该给予孩子们的。孩子是中国的未来和希望！

是为序。

马敏

（华中师范大学党委书记）

2013年12月20日

引　言

我在学校开了一门“沟通与情商”课程。

30个学时的沟通内容结束之后，我接着讲情商。每次正式讲情商之前，我都会问大家：“你们听说过情商吗？”同学们异口同声地大声回答：“听说过！”问他们是什么时候知道“情商”的，他们说初中时就听说了。

我继续问：“那么，什么是情商？谁来给我们解释一下？”几乎无人回答。我接着问：“经过我们七周的相处，你们已经很了解我了。你们认为，我情商高吗？”绝大部分学生回应道：“高！很高！”这时，我发现，有人尖叫，有人拍桌子。这是他们兴奋和友好的表现。

为什么学生认为我情商高呢？因为我在人际沟通的讲解过程中，引入了我人生中的无数生活经历片断和感悟，通过上这门课，学生对我的过去和现在都很了解。我的优点、我的缺点、我的快乐和我的幸福在课堂中展露无遗。在课程中，他们充分领略了沟通的乐趣，进而发现了生活中的美，感受着生活中的美。

先自我评价一下吧，我这个人，智商一般，但情商确实比较高。

先说智商。我曾经无数次地认为，如果我高中时想考北京大学、清华大学等名牌大学，即使高考后我复读十年也考不上。原因很简单，像北大、清华那种名校，智商要求是很高的。这一点，我在高中阶段感触很深。

比如，英语或语文试卷上的“阅读理解”试题，总分40分，做第一套模拟题，我得了30分，后来发现，我做了成百套试卷，依然在30分左右徘徊，每次都跟不上出题者的思路。相反，我们班上成绩最好、后来考上中国人民大学的一位同学，每次“阅读理解”总是在36—40分之间，这就是天赋。

也就是说，我智商一般。但是，阅完本书，您会发现，我会成就不平凡的一生，原因在哪里？因为情商，因为我的高情商。

何以判断我的情商较高？看完这本书，掩卷细思，您不但会感叹我们的一生原来可以如此绚烂和壮阔，而且会完整理解情商的内涵，从而明白我的高情商高在何处。

事实上，正如前面所述，现在稍微有点文化的人都听说过情商，也很想提升我们的情商，因为情商关乎我们的一生，但生活中大多数人并不了解情商的真谛、智慧及魅力。很多人只是简单模糊地认为情商与人际关系大致相符，其实它远远不止这些。

本书不但将真实呈现高情商的生活状态，更是人类对自身价值的回眸审视和人生幸福的哲学追问。

本书将通过我的人生经历全面解读与我们生活息息相关的情商内涵。显然，很有必要在这里作一个详细的自我介绍。

我，刘宗劲，1970年1月生于重庆市梁平县城郊农村。1989年高考后被中南财经大学贸易经济专业录取，1993年7月大学毕业后进入中国工商银行湖北省分行国际业务部工作，2003年在职获得了管理学硕士学位。在银行工作11年之后，即2004年9月，离开工行重返母校中南财经政法大学[①]，在工商管理学院产业经济专业攻读博士学位，2007年7月博士毕业后进入广东省顺德职业技术学院（以下均以简称“顺德职院”代替）工作。这意味着从1989年到武汉上大学至2007年离开武汉，我在武汉生活了18年之久。2009年11月进入厦门大学教育研究院博士后流动站，在职从事高等教育研究工作。按照导师的意见，每学期我在顺德职院集中完成了教学任务之后都会到厦门大学呆上一两个月，屈指算来，累计在厦门大学呆了七八个月的时间，熟悉厦门大学的一草一木。

因为家庭的一些特殊情况，2007年8月我从武汉来到顺德以后家人没有随迁，寒暑假我基本上在武汉生活。因此，2010年至2012年三年间主要奔波于顺德、武汉、厦门三地。

不言而喻，书中的绝大多数案例（或故事）来自于我人生阅历中的真实生活，其中，与我个人（包括家人）相关的案例，无论是正面的还是“负面”的，我都没有作出任何修改。书中的其他信息，若属正面的或者中性的，我会根据具体情节或当事人的个性要么写实名，要么仅以姓氏或职业通称（如“老师”）代替。但是，有一些内容因属负面案例，为了避免此书出版后影响当事

① 2000年，中南财经大学和中南政法学院合并组建为中南财经政法大学。

人的工作和生活，其个人信息采用了移花接木的方式进行了恰当的技术处理。比如，其中的高中同学，真实情况可能是我的大学同学；其中的大学同学，可能实为我的同事；貌似顺德职院的案例，则有可能发生在中国工商银行湖北省分行，等等，不一而足。基于同样原因，部分负面案例中因情节需要而出现的“真”名“实”姓，均为化名或化姓。但毫无疑问的是，所有案例没有任何想象的成分。

尽管“情商”在学术界和大众文化中都有着深刻的影响，而关于情商理论的广泛研究却只有十多年的历史，但是，长期致力于情商研究的专家学者对情商理论本身的论战从来没有停止过，这不是本书探讨的范畴。作为一本情商普及书，本书以叙事研究的方式，架起了情商理论和日常生活之间的桥梁，既不乏学术研究的严谨，又处处洋溢着生活的乐趣。

当下，焦虑和烦恼是我们的生活常态。游走于世俗的生活，很多人辛勤奔忙同时困惑迷茫。我们渴望散淡的快乐，我们企盼单纯的幸福。在匆忙的旅程中，我们一直在寻找一条既迎合自己心灵，又不辜负众望的人生之路。在追寻人生幸福的道路上，我们不断内省：一个人要抬头仰望多少次，才能看到无际蓝天？

在这本书中，我将通过我的真诚、从容、纯净、智慧和理想贡献一份视野，诱发您内心最美好的东西，同时导引大家认识情商的力量，从而追寻梦想中的人生幸福。相信您在静心的感悟中，不仅会联想到自己，也会联想到家人、同事、朋友……

本书既是现实的，也是超现实的。因为我既是一个普通人，同时也是一个闪烁着人类光芒的普通人。

从现在开始，让我们一起，从这部带有自传性质的现实题材著作中，分享情商的魅力，分享乌托邦式的远见，分享淳朴的人性，分享这个时代的梦想和温暖。相信在这个过程中，您会发现很多自己先前没有意识到的东西，从而开启全新的人生体验。

第一章 情商初体验

一、引入性思考：几个低情商的样本

无论是生活还是工作中，我们总能碰到这样一些人：为人处世独特另类，不通人情世故，不按常理“出牌”，和我们大部分人的正常思维不一样。和他们沟通交流往往让我们束手无策，如同俗语所说的“鸡同鸭讲”，我们能明显感觉双方不在同一个脉冲频率上，不在同一个气场上。

在这里，不妨撷取我的三个人生经历片断：

生活片断1

单位新调来一位领导，计算机专业出身。

赴任之际，领导对全体员工讲话，印象最深的一句话是“我这个人一生都与管理有缘，对管理很有心得。”因为工作，大家日渐熟悉，我们慢慢发现，这位领导很“怪”：每次听他谈工作思路，貌似很有想法，但我们觉得太理想化，不靠谱；每次全体员工开会他总说要怎样关爱员工，怎样团结合作，但是，在私底下，他对绝大部分员工——是的，对绝大部分员工——很不友善。因为不知道怎样和这位领导打交道，所以，我们很多人能不找他就绝对不会找他。

比如，我申请硕士学位的时候需要单位人事部门盖章，因为那份申请表不需要所在部门签章，我就直接找到了人事部门，没想到在人事部碰到了那位领导。既然被他看见了，我想回到本部门以后得跟领导汇报一下以示尊重。当天下午，我敲开领导办公室的门，说道：“领导，给您汇报一件事，就是我读研究生的事情，上午去人事部就是为了这件事。”领导冷冰冰地抛出第一句话：

“要辞职去读书？”我慌忙说：“没有没有，是在职学习，利用业余时间完成学业。”没想到领导的第二句话是：“那我给你说，在职学习我们不会给你报销一分钱，因为这是你的个人行为。”他这样一说，我倒坦荡了。我说：“领导，我现在之所以给您说这个事，是因为想表达对您的尊重，让您知道这件事。至于报销，我压根儿就没有这种想法。这是私人的事情，怎么可能找公家报销呢？”接着他又重复了一遍不可能报销的话。因为没有什么话讲，我点头称是然后就退出了他的办公室。

类似的事情我还经历过不少。因为这位领导的为人处世和管理方式总是让我们员工觉得不可理喻，搞得整个部门人心涣散，工作陷入瘫痪状态，这位领导最终被迫离开了我所在工作单位。

生活片断2

读博期间，住在我隔壁寝室的一位同学成天唉声叹气，原因无它，都是被导师“摧残”所致。

同学的导师本科毕业于数学专业，硕士和博士都是经济学专业，学术做得相当不错。但导师的为人处世方式实在让人不敢恭维，他被很多同事和学生私下里称为“极品导师”。

比如，导师上课时会经常抨击其他老师的各种“劣迹”。对学生的要求同样苛刻，根本不考虑客观情况。有一次，导师在召集大家讨论完某一个话题之后，要求我那位同学三天内交一篇一万字的命题论文，同学不敢反驳，只好东拼西凑按时“完成”了任务——按照常理，一篇标准意义上的学术论文从收集资料到完成没有一个月以上的时间是很难做到的。导师简单地瞄了一下论文说：“你这写的什么东西？！糊弄我？！你这种态度能毕业吗？到时你能否拿到博士学位与我没有任何关系！”因为经常面见导师，经常无故遭受打压，导致那位同学长期做噩梦，长期便秘，恍恍如惊弓之鸟。至今记得那位同学有一次对我说：“感觉好痛苦啊，那种痛苦是难言的、真切的、内心的痛，真想早点解脱，这个博士读得实在是太压抑了！”

当然，不仅是我那位同学，他们同一个导师组的所有同学在导师面前都噤若寒蝉。有一次一个新来的博士生在会议上做自我介绍，并谈了自己的梦想。没想到遭到导师的当场训斥：“都三十多岁的人了还谈什么兴趣和梦想这些不靠谱的东西！读博士靠的是实力和未来的可持续发展能力，你要再这样‘兴趣'和'梦想'几年，将来肯定一事无成！”从此以后，那位博士生再也没有在导师组织的会议上按自己的兴致发言了。

可笑的是，导师还多次开会教导他的硕士生、博士生“要学会为人处世，要学会做人，要把我们的团队打造成一个温暖的团队、一个优秀的团队、一个院内所有硕士生和博士生都向往加入的团队”。

有一次，该教授在学校作了一场学术报告，因为老听同学数落他的不是，出于好奇我参加了这次讲座。那场学术报告的主题是“认识你自己”，这位教授从理论上讲客观正确地认识自己对一个人成才成功的意义以及正确认识自己的方法，讲得非常不错。如果您不了解这个人，您会觉得此教授不但学术水平高，而且很有生活智慧。说到这里，希望您不要简单地认为这位教授仅仅是说一套做一套，品行不好而已，其实这是低情商的标志之一，正是因为他无法认清自己，才会在生活中给他人留下如此恶劣的印象。

在博士研究生学习和博士后研究工作阶段，我认识的或者接触过的博士生导师并不多，大概有20个，但就在这20个左右博导当中，类似的博导就有三四个。

生活片断3

我们学校有一位钱姓老师，国内某名牌大学计量统计专业毕业，对数字相当敏感，擅长投资理财，同事们只要有相关问题，都会找他咨询，并往往为其专业的分析和独到的见解所惊叹。

但是，他的“统计学基础”课程讲得很一般，而且脾气暴躁，遇事爱激动，没有几个学生喜欢听他上课。虽然出身名校，但钱老师没有什么上进心，成天得过且过，工作上从来没有稍显突出的成绩，生活质量尤其低下——由于夫妻长期分居两地，他的单身宿舍乱七八糟，同事曾经毫不夸张地说，他的居住环境和早些年看门大爷的值班室兼宿舍环境差不多。

我们很多同事都曾经向钱老师建议，凭他的才华，他完全可以走出去朝精算师方面发展，因为精算师是一个技术活，同时又是一个非常诱人、前景方兴未艾的职业，恰好他在数字计算、赢利能力以及风险控制方面很有兴趣和天赋，他完全可以凭此过上体面而且更有尊严的生活。

遗憾的是，钱老师往往无动于衷，我们无法唤醒他未意识到的这一切。

二、智商（IQ）认知

上世纪90年代以前，人们普遍认为，一个人能否在一生中取得成功，获得幸福，智商（Intelligence Quotient，IQ）起决定性作用，即智商越高，取得成就的可能性就越大，人生就越幸福。

智商这个概念至今已有一百年的历史了。20世纪初，为了协助法国教育部门预测哪些孩子有辍学的危险，法国心理学家阿尔弗莱德·比奈（Alfred Binet）发明了第一个智力测验，几年之后即1912年德国心理学家威尔海姆·斯特恩（Wilhelm Stern）提出了“智商”的概念和测量方法。①

那么，什么是智商呢？通俗地说，智商就是认知、记忆、解决问题等与情绪无关的能力。

比如，有些人数学成绩很好，有些人对物理世界有着深入的认识，有些人对语言本身很敏感，理解背诵能力强，还有的人建数据库、搞建筑设计、做汽车制造等等是一把好手，这些都属于我们通常意义上的智商高的表现。

智商的计算公式是，智商＝心智年龄/实际年龄×100。

举例来说，一个人的实际年龄4岁，可心智年龄有6岁，那么他的智商就为150——当然，这个分数已经是相当相当的高了。生活中的大多数人心智年龄与实际年龄基本相符，所以智商分数为90—120的占了全人类的大多数。但凡常人，其实智商相差不了多少，除非天才和白痴。

一般而言，130分以上属极超常，120—129分为超常，110—119分为中上等，90—109分为中等，80—89分为中下等，70—79分为正常人的边缘状态，69分以下表明存在智力缺陷。

每个人在18岁以前智商都在不断变化和发展，所以我们总说要“开发孩子的智力”，智商在青春期过后就不会有太大增长了。

---

①［美］霍华德·加德纳著，沈致襄译，沈致隆审校：《重构多元智能》，中国人民大学出版社2008年版，第9页。

三、生活中的困境

据《武汉晨报》2010年8月20日报道："暑假开始，一个月内有124名小孩被父母带到某医院测智商，都是成绩单惹的祸。结果，测试发现90%的孩子正常或偏高，其中10%的小孩接近'天才'。有网友评论：看来孩子的智商没问题，应该测测家长、老师的情商有没有问题。"

怎么看待报道中提到的"10%的小孩接近天才"呢？因为现实生活中我们并没有发现那么多的天才。其实，在任何一个社会，都有很多天才，约翰·泰勒·盖托甚至认为："天才多得像尘土，到处都是。"①只不过，因为体制、教育制度等各种原因导致大多数天才被埋没了。

关于这一点，我将在以后的章节中从教育角度进一步探讨这个问题。

又怎么看待很多小孩成绩差可是智商没问题，甚至其中还有"天才"呢？

在中南财经政法大学首义校区读博士期间，我和其中一个打印店的周姓老板很熟悉，也认识他的儿子。2010年暑假去他的打印店打印文档时，我看见两个小孩在一起玩，除了他的小孩，另外一个我不认识。我问周，这小孩是谁家的？周说是他哥哥的小孩。

聊天中，他谈到他的小孩和哥哥的小孩在学习方面的表现差别较大。因为老家在湘西山区，他的哥哥嫂嫂常年在广东东莞打工，小孩就在爷爷奶奶家长大。大家知道，老年人特别是农村的老年人，他们带孙子的愿望很简单，就是把小孩养大，他们不会考虑到小孩的"培养"问题。所以，哥哥儿子的问题就这样产生了。

他说，如果让两个年龄差不多的小孩做暑假作业，他的小孩肯定是规规矩矩完成了作业才会玩耍，因为他们从小就培养了小孩这种良好的习惯，可他哥哥的小孩就不一样了。让他做作业，几分钟不到，他屁股就坐不住了，因为贪玩，他无法控制自己就跑开了。

---

① [美]约翰·泰勒·盖托著，汪小英译：《上学真的有用吗？》，生活·读书·新知三联书店2010年版，序第12页。

正是这种差别，所以他的小孩成绩总是不错，而哥哥的小孩成绩则排在班级后面。哥哥小孩成绩不好的原因显然不在于智商，而在于“无法控制自己”导致注意力不集中，这就涉及到了情商问题。

因此，我们的情商问题从小就产生了。到了成年以后，还有更多的困惑和挑战等待着我们：

“我到底喜欢和适合什么样的工作？”在这个世界上，没有任何一本书可以告诉您适合和喜欢的职业。

“我知道那样做不好，但是我无法控制住自己。”比如，我们都知道，对于年轻人而言，大多数时候沉溺于网络和电视很容易虚度光阴。年轻时我们完全可以利用晚上的时间，多做做其他更加有益的事情，但是很多人往往控制不了自己，时间就这样浪费于虚无了。

“怎样才能达到自己梦想的目标？”有些人不断给自己设定目标，现实的、长远的，但往往“计划没有变化快”，原因多半在于无法坚持，结果总是半途而废。

曾经有同事对我说：“我感觉我这个人不太讨人喜欢，你是专门讲沟通的，你说我到底应该怎样和别人相处才好？”

…………

生活中类似的问题很多，这些问题与智商没有任何关系，它的解决需要一种与智商完全不同的机灵和智慧，即情商。情商概念描述了与智商截然不同的人类行为基本要素。

智商高肯定是一件让人欢欣鼓舞的事情。但同时我们也发现，有些高智商者极具天赋，才华横溢，但他们不讲社交礼仪，对他所生活的世界毫无感觉，生活质量让人痛心。智商高就一定幸福快乐吗？显然未必。

于是，人们开始重新看待情感、意志、信心、激励等心理因素在成才和成功中的重要地位和作用。成绩好，高学历，那只是具有高精确度的应试本领和技能而已，这属于智商问题，可一旦走出教室，他们未必能够迎接生活中的种种艰难。本科毕业生为仅有高中文化的老板打工的现象，在现实生活中也不在少数。

情商理论由此产生。应该说，情商理论是人类对自身认知的一大突破，它展开了人类探究幸福因素的新视角。

四、情商（EQ）认知

情商（Emotional Quotient，EQ）的“情”不是“感情”，更不是“爱情”，而是“情绪”。当然，它也不是指情绪的发泄，而是指对情绪的察觉与善用。

比如，我常年有午睡一小时的习惯。如果下午两点钟有课，那么中午我会快速吃完饭，大概在12：35上床休息。

有一天中午，吃饭时和一位女同事聊天，她说最近很郁闷，我关切地问她怎么回事，她向我详述了家庭中的一些烦心事。可能是其中的一些事特别是小孩的教育问题严重影响到她的日常生活，同事的倾诉欲望很强。我想，既然同事信任我，而且想通过倾诉减轻自己的压力，所以，尽管下午有课，我也没有急着回去休息，而是始终耐心倾听，并恰当回应，一直到13：00才结束话题离开食堂。回到宿舍，因为时间太短我无法休息，就干了点别的事情然后上课去了，这就属于“情商”中的情绪范畴，因为我控制了“不愿意听而想睡觉休息”的情绪。

事实上，生活中处处存在情绪，它与理性认识和逻辑思维完全对立，智商没办法解决。

几年前，我和妻子在武汉市洪山区一家电影院看了一场电影——《唐山大地震》，票价好像是80元。那个电影院离我们家有点远，我们是坐公交车去的。看完电影出来，发现我把公交卡弄丢了，妻子很生气，沿途都在怪我粗心大意。当时公交卡的余额不足20元，而公交卡的成本只有18元。也就是说，遗失那张公交卡相当于我丢了40元钱，但我们两人看电影可是花了160元啊。从道理上讲，公交卡已丢失，我们没办法再找回来，就当花40元往返坐了出租车吧，160元我们都不在乎，还在乎那40元干什么呢？

但是，很多时候，我们并不会这样简单地类比，我妻子也一样，为这个事她接连数落了我好几天，这就属于智商没办法解决的情绪问题。

因此，情商在我们的学习、生活和工作中扮演着重要角色。

上世纪90年代末以来，“情商”开始风靡全球，与此相关的研究及现实例证表明，情商不但可以弥补智商的不足，而且在我们的一生中起着不可或缺的重要作用。

现在，我们一起来探讨并认知，情商到底是什么东西？能不能提高我们的情商进而增进我们的幸福？

通俗地讲，情商是指一种性格特质，是态度，是情绪，是管理能力，是一个人的沟通能力，一个人的人际关系能力，一个人的合作能力，一个人面对挫折、不断进行自我激励的能力。

情商是一门独特的学问，它不属于认知范畴。要提高情商，“悟”很重要。“悟”这个词听起来好像与一些超人类的玄学有关，其实它并不神秘，就是一种简单的与我们的存在合一的一种自然状态。①

因为不属于认知范畴，所以一个人的情商水平与其文化水平高低关联不大，可以说是“村妇学来不觉深，教授学来不觉浅”。

比如我姐姐，初中文化，曾经是“赤脚医生”，后来一直在一家民办医院中药房为病人“抓药”，一周上六天班。

有一个星期六的上午，考虑到事情很多，中午可能无法回家做饭，她就给读初三的儿子打电话，说可能要加班，中午就不回家吃饭了，叫他自己下面条吃。没想到后来事情进展顺利，不到12点钟所有的事情都做完了。她在食堂吃完饭后不放心，就给儿子打电话，说中午不用加班了，想回去看看他吃什么。儿子一听马上说：“妈妈，你不要回来了。”我姐姐问：“为什么？”她儿子说：“因为我叫了几个同学来家里做饭吃。”我姐姐说，那行，我就不回来了。

这是我姐姐情商高的表现之一。因为这其中有两点她做得很好。第一，她临时决定回家之前，先给儿子打了一个电话，而不是像有些父母那样会蹑手蹑脚搞突然袭击；第二，儿子自作主张叫了一些同学到家里吃饭，但我姐姐没有指责他，相反，还给予了他充分的信任。应该说，走向独立是现代人的基本特征之一，允许孩子有秘密、尊重孩子的隐私是帮助孩子走向独立的踏脚石。我姐姐并不懂得这个“道理”，但她在用行动实践这一原则。

相反，有些人文化水平很高，情商水平并不高，一如我在本章开头讲的那三个低情商的案例。因此，生活中高智力的低情商者无处不在。

① [德]埃克哈特·托利著，曹植译：《当下的力量》，中信出版社2009年版，第3页。

因此，本书情商探讨的特点，就是通过故事讲道理，以帮助大家从中获得启发，激发大家思考的乐趣，从而理解情商，进而有意识地提高自身的情商。

“情商”这个概念是怎样产生的呢？下面，我们来了解一下情商的起源。

1990年，耶鲁大学的心理学家彼得·塞拉维（Peter Salovey）和新罕布什尔大学的约翰·梅耶（John Mayer）教授在《想象、认知和人格》（*Imagination, Cognition, and Personality*）杂志上发表了《情绪智力》（*Emotional Intelligence*）一文，提出了情绪智力的基本框架。随后，相关学术论文陆续发表。

1995年，哈佛大学心理学博士、美国《纽约时报》专栏作家丹尼尔·戈尔曼（Daniel Goleman）把一些有关情绪智力研究的深奥学术成果以非常通俗的方式编汇成《情绪智力》（*Emotional Intelligence*）一书，该书一问世就以极大的魅力轰动全美，并经久不衰遥居畅销书榜首，很快被译成多种文字，“情绪智力”随之成为一个世界性的热门话题。

1996年，中国台湾的张美惠和内地的耿文秀、查波翻译出版了丹尼尔·戈尔曼的《情绪智力》，巧合的是，两者均将《情绪智力》翻译为《情商》，“情商”概念由此而来。

由此看来，“情绪智力”和“情商”是对同一事物的不同称呼，没有什么区别。所以，如果您看国外的相关著作（如《管理学》《教育心理学》等），他们的称呼主要是“Emotional Intelligence”（情绪智力），称“情商”的很少。国外用“情绪智力”的概念可能是以此拓展智力的内涵，因为“情绪智力”这个词本身就意味着“情绪智力”也是“智力”的一种，这样使得智力的内涵和外延都扩大了，人类关于智力的认识由此得以深化。国内翻译为“情商”则可能是为了与已经相对成熟的“智商”相对应。

从1996年到如今的2014年，“情商”进入中国大陆不到20年时间，但大多数人都知道情商，由此可见，情商本身的影响有多么深远。

五、情商的定义

什么是情商？关于情商的定义，有各种不同的看法、描述和解读。耶鲁大学的彼得·塞拉维及其研究伙伴新罕布什尔大学的约翰·梅耶对情商给出了详细的定义，他们把情商扩展为5个领域：了解自身的情绪、管理自己的情绪、自我激励、识别他人的情绪、处理人际关系。[①]这也是目前大家比较认可的情商定义。

本书对情商的解读也是按照这个定义和思路进行的。彼得·塞拉维和约翰·梅耶对情商的定义偏重学术化，其中的第一点“了解自身的情绪”本质上是“认识你自己”的同义语，这也是众多学者的看法；其中的第四点“识别他人的情绪”通俗地说就是“换位思考”的意思。因此，作为一本情商普及读物，我将从以下五个方面对情商内涵进行解读，即：认识你自己、妥善管理自己的情绪、学会自我激励、学会换位思考、建立良好的人际关系。

① [美]丹尼尔·戈尔曼著，杨春晓译：《情商：为什么情商比智商更重要》，中信出版社2010年版，第48—49页。

第二章 认识你自己

“认识你自己”是我们快乐而幸福地立足这个世界的基础。为了生活，我们成天机械地忙碌。在固定的圈子呆久了以后，我们渐渐迷失了自我，只剩下一具四处奔忙的躯体。

下面，在重新观照我们自身以后，让我们领略我们人类所蕴藏的巨大潜能，并由此思考我们未来幸福生活的可能性。

一、重新观照您自身

请问您有自知之明吗？答案显然是：“有”。因为在课堂上我问过学生同样的话题，大家几乎是齐声高呼：“有！”

那么，进一步问，我们每个人在为人处世过程中都会：

A．力争使自己在他人面前保持良好的形象；

B．故意给他人留下不良的甚至恶劣的印象。

答案也是显然的：A。

事实上的确如此。只要是一个正常人，只要一个人没有精神问题，那么，在人际关系中，他肯定会力争使自己在他人面前保持良好的形象，而不会故意给他人留下不良的甚至恶劣的印象。正如高尔基所说：“照天性来说，每个人都是艺术家。他不论在什么地方，总是希望把‘美’带到他的生活中去。”

但是，您可能发现生活中关于这个问题的悖论比比皆是。

我在银行上班的时候，单位的早餐特别丰盛：包子、馒头、白粥、油条、豆浆、炸酱面、牛肉粉、面窝等应有尽有。有一位女同事，40岁左右，长相漂亮，用“风韵犹存”来形容很是贴切。每天早上，她特别喜欢涂抹很浓很浓的口红，她又特别喜欢吃馒头。好几次我和她坐在一起用餐，她每咬一口馒头，馒头上就会留下一道让人触目惊心的红！这往往让我食欲大减。

显然，她意识不到这一点，她只认为自己的口红很漂亮，没想到会因此影响别人的食欲，影响自己的美丽形象。

这些年以来，您一定听过不少领导或者嘉宾的讲话（报告）。很多时候，您会觉得领导或嘉宾的讲话（报告）太没有水平了，枯燥乏味甚而反感。但是，既然领导特意组织员工开会，或者嘉宾专门前来做报告，他肯定以为自己讲得不错、水平很高。否则，难道他会有意在员工或者听众面前丢人现眼、损害自己的形象吗？

显然不会。因为我们刚才分析了，只要是一个正常人，他就不会故意给他人留下不良的甚至恶劣的印象。

所以，仔细想一想，生活中，有多少人有自知之明，从而没有自毁形象？事实上，很多人由于自我认识能力很低，他们内心麻木，他们意识不到自己平时在自毁形象，他们生活在自己狭隘的精神世界里。

也正是因为如此，我们发现，在我们生活的周围，总有这样一些人，其缺点令人讨厌：或为人做作、或自私自利、或简单粗暴、或投机取巧……这些缺点使其不受欢迎，无法与人建立良好的关系，影响着其生活和工作。许多年过去了，这些人的缺点丝毫没有改变。因为他们缺乏自省意识，自身的缺点被他们粗心地忽略了，因此妨碍了他们的成长。

我们认为这种人有问题，对吧？但他自己认为没问题，他感觉不到外面的世界，感觉不到外面的事物对自己的影响。因为缺乏自我意识，很多时候他有着婴儿般的自恋，他认为自己不错，他沾沾自喜，他其实是自己给自己划了一个圈。这种人具有心理学意义上的人格障碍，他其实被情感隔离了。这种人在人际交往中自己承担的责任很少，和人交往时不会在情感上给予他人帮助。这种人可以通过心理咨询进一步了解自我，但前提是他必须有改变自己的动机，否则，很难改变。

其实，人最不了解的就是自己。事实上，大多数心理健康的人对自己的才能、学问、道德、成就等评价都很高，觉得自己在很多方面都高于平均水平。总觉得自己比别人强，看自己一朵花，看别人豆腐渣。生活中，当我们有意无意地抱怨、指责别人时，往往都自以为是道德、正义和优良的化身。

比如，当我们说某某很腐败，某某爱贪小便宜时，我们自己就处于道德的制高点上，言外之意就是我不是那样，我比别人道德高尚。

再比如，学校评选“优秀班主任”，发现没有我的名字，我会暗地里想：“他凭什么当选‘优秀班主任’？我比他强多了！”

还比如，我的妻子认识我的绝大多数同事和朋友。对于一些很优秀的女人，比如心智成熟的，比如长相漂亮的，有时我会对妻子说，她嫁亏了，她老公配不上她。这种话听多了以后，有一天妻子对我说：“你这话的意思明显表明你比她老公强嘛，现在我发现，在你看来，天底下所有优秀的女人只要不嫁给你都算嫁亏了，只有嫁给你才算嫁得好。”妻子继续调侃道，“这个世界就我嫁得最好，我太幸福了！”

不知道您从录音带中听过自己的声音、在录像中看过自己的影像没有？

有一次，我去我们学院实训室聊天，林老师当时在摆弄院里的一套摄像器材，20分钟之后，林老师说：“刘老师，过来看看。”

原来，在我们聊天时，林老师在给我录像。我很好奇，因为这么多年以来，我从来没有看过自己的活动影像。没想到跑过去一看，让我吃惊不小：“哇！我怎么会是这个样子呢？这是我的声音吗？！”

所以，理解他人，不易；认识自己，更难。实际上，要真正了解自己是一件困难而又复杂的事情。

当我们私下抱怨别人如何如何并感到不可思议时，您想过没有？别人可能同样对您困惑不解。因此，平时我们要多多自省，并常常观照自身。

TCL集团总裁李东生说，自省对管理者而言尤其重要，因为在这个位置上，您说的所有话几乎都是真理。能够当您面提意见的人其实很少，没有自省能力的话就很容易犯错误，甚至属下背后都在骂您，您可能竟一无所知。

一个人自省能力的高低，是判断一个人情商高低的标志之一。

二、认识我们的潜能

下面，通过观照我的劣势和优势，让我们一起来认识人类的潜能。

（一）我的劣势

我的劣势至少有两点：极端文科型、在“外面”“混”不好。

先说极端文科型。人可以按很多标准分类，比如，男人、女人；老年人、中年人、青少年、儿童；中国人、美国人、巴基斯坦人……

在这里，我想把人分为三类，即极端理科型、文理兼容型和极端文科型。生活中的绝大多数人都属于文理兼容型，我则属于一个典型的极端文科型，其缺憾至少表现在以下两个方面：

第一，动手能力极差，也非常不爱琢磨。

从初中开始，只要听说要做物理、化学实验，我总是浑身冒冷汗，内心紧张而烦躁，因为在实验室我总是手忙脚乱，不知所措。成家以后，家里购买大件用品，均由妻子看说明书并负责安装或调试。比如，小孩出生前从淘宝网上买了一个婴儿摇篮，收到材料和零部件以后，她就按照网上视频所说步骤慢慢拼装。家里的空调遥控，她按照当前的环境设置好，我只需要按一下“OK”键就可以了。

老家父母所在地是2011年初才用上自来水的，之前无法安装热水器，我每次春节回家都是到姐姐在县城的居所洗澡。姐姐家的房子面积很小，大概就四十个平方米。

第一次去洗澡，看见挨着卫生间的厨房墙壁上纵横交错的各种线路我就傻眼了，因为狭小的厨房里充满了燃气管道、燃气灶具、电磁炉、微波炉、电饭煲、烧水壶、保温壶等，热水器的电源开关和天然气开关也在厨房墙壁上。姐姐当时在上班，我第一反应就是打电话问她，问她热水器的电源开关和天然气开关是哪一个，姐姐解释了半天我才找到开关的位置。

第二天，我弟弟也去洗澡，回来后我无意中问他，你给姐姐打电话了？他反问，给姐姐打电话干什么？我说墙上那么多线，你怎么知道热水器的电源开关和天然气开关在哪里呢？没想到弟弟说，这个简单啊，你顺着卫生间伸出来的天然气管子和电线不就一下找到了吗？这一下，我又傻了，原来可以这样啊？！

有一次，我在火车硬座车厢看见一个人推销魔方玩具，魔方玩具经过他灵巧的手，一会儿变成汽车、一会儿变成无人的坦克、一会儿又变成有人的坦克，一会儿居然变成了奥特曼！我觉得他那双手太神奇了！我想，就是教我两天两夜，我也很难变出那些花样。

第二，对数字不敏感，而且排斥。

之所以离开银行，是因为我对数字没有什么感觉。离开工行前我曾在国际业务部任外汇会计科科长，但是，直到今天，要是给我一份银行会计报表，除了知道资产、负债和所有者权益这三项基本数据以外，其他数据以及其间的关联我根本看不懂。

为了提高业务水平，业余时间我还专门选择了会计作为攻读硕士学位的专业，尽管如此，我的会计领悟能力并没有相应提高。所以，只要湖北省下属各市工商银行国际业务部向我咨询相关外汇会计账务问题，我基本上答复不了，我让他们向前任会计科科长方懿（现任某部门总经理）咨询。

方懿和我是非常好的朋友，有一次我们两人吃饭聊天，他对我说："刘宗劲，我觉得你做会计科科长很滑稽。"

这个评价无疑是中肯的，因为连我自己也认为相当滑稽，我根本就不是做会计的那块"料"。

除了极端文科型，下面让您感知我的另一个缺憾：在"外面""混"不好。

这里的"外面"，是指学校、科研院所等以外的地方。因为学校、科研院所等地方很特殊，它的特殊之处在于：如果我没能在仕途上晋升，但是我教书教得好，或者学问做得好，同样受人尊重，同样能够实现人生价值。

但在其他组织机构工作就不一样了，一个人（尤其是男人）必须向上晋升，因为这是实现人生价值的重要方式。

因此，在银行，我做梦都想当"官"。但在银行工作了11年，离开时我依然只是一个小小的科长，好几次晋升机会都与我无缘。而和我一起毕业进入工行的那一批大学生中，印象中至少有五个人已经晋升为副处长了。

至今记得大学四年级的时候，一位来自湖北钟祥的同班同学通过平时对我的观察和了解，曾经这样鄙夷地对我说："你以后出去能干什么啊？"现在看来，这句对我个性特质的判断，包含着真理的颗粒，因为11年的银行工作经历充分证明了这一点。

我的个性特质有两点：

第一，我是性情中人，没有什么城府，没有什么心计，喜欢表达自己的想法。

第二，尽管在日常生活中我总是神采飞扬，很健谈，但在正式场合，尤其是在上司面前，我不善于察言观色，不善于见机行事，有时反应木讷，随机应变能力较差。①在这里，很有必要讲几个与此相关的生活事例，让您充分感知我的“迂腐”：

有一次和院里领导陪上级领导吃饭，然后去唱卡拉OK。我左边是上级领导，右边是经管学院的一位副院长。大家一边唱歌一边喝啤酒吃点心。

突然，右边的副院长说：“刘博士，给领导倒酒。”我一看，喔，领导没酒了，立马给斟上，然后继续看屏幕听大家唱歌。

过了一会儿，副院长又说：“刘博士，倒酒啊！”我一看，喔，怎么领导这么快就喝完了？斟完酒以后我继续忙着给唱完歌的领导拍巴掌。

又过了一会儿，副院长第三次对我说：“刘博士，快，领导又没酒了！”接着他又半开玩笑半认真地补充了一句：“刘博士，你读书读傻了吧？”嗯，嗯，嗯，我想，我真的读“傻”了。

有一次，我从厦门大学回来，到我非常敬重的齐振彪教授办公室叙聊。临近中午，他说：“走，我请你到外面吃饭，咱们继续聊。”出门时他在办公室用固定电话给我同样熟悉的谭老师打电话，说一起聚餐。谭老师说临时有点事，让我们先去，等位置订好以后她再开车过来。

齐教授开车出了学校，问我到哪里吃，我说都可以。开了10分钟的车，齐教授说，这样吧，我们到“小肥羊”去吃怎么样？我说好。他自言自语要给谭老师打电话告之聚餐地点。

---

① 本书正式出版前，我找了一些熟悉者和陌生人试读此书，以征求意见（后记中有相关情况说明），其中有三人反馈道，你说自己“不善于察言观色，不善于见机行事，有时反应木讷，随机应变能力较差”，这些特质应该是低情商的表现，而你认为自己情商较高，两者不是自相矛盾吗？我想，三位试读者提出的这个问题代表了一部分读者群的疑惑。其实，我在书中表达了类似的意思：每个人都有缺憾，缺憾本身与情商高低并没有多大联系。但是，情商高的人能够认识到自己的缺憾，并在生活和工作中扬长避短，从而追求一个更有意义的人生。相反，如果一个人意识不到自己的某些缺点，并去从事自己并不适合的职业或岗位，从而放大自己的缺憾，这才是低情商的表现。

当时，车行进在顺德大良新城区的观绿路上，齐教授左手开车，右手开始在手机上翻找谭老师的电话，找了好一会儿终于找到了并拨了过去。此时，我猛然醒悟，这事应该由我来做啊，因为我手机上也有谭老师的电话……

读博士研究生时，我每年都会请我的导师在校内一个档次较高的宴会厅吃一次饭，既表达敬意，也借此汇报自己的学习研究情况。由于导师是江浙人氏，喜甜食，而我只熟悉四川菜，所以，每次请导师吃饭都是让导师自己点菜，我的本意是充分尊重他。

博士毕业后回武汉依然请导师吃饭，有一次，我同时请了导师的所有在读博士研究生。当时导师还没来，我们先到了，没想到其中一个新近入学的博士生一下就把菜点完了，我问，“你怎么知道老师喜欢吃这些菜？”他说，开学之初他参加了导师请客的一个宴会，也是在学校的这个宴会厅，当时是导师亲自点的菜，结账后他就到服务台把菜单抄了一份，回宿舍整理后还专门建了一个文档。从此以后，只要和导师吃饭，他都会按照导师的喜好做好相关服务工作。

我当时心里一惊，我从来没有想到“应该”这样去“服侍”导师或领导，更不会挖空心思去想这个东西。所以，我这个人，不太适合在普通的职场上混，至少，我不会“服侍”别人。

我的这种个性特质的形成至少有两个原因：

第一，和中学时代死读书的生活经历有关。

我初中和高中均就读于梁平中学。学校离我家很近，跑步只需要20分钟。从初一开始，每天在校除了读书学习，我不会参加任何课外活动（比如学校每月一次的露天电影）；从高一开始，每天晚上下晚自习以后我就跑步回家，在我和父亲住的房间（“书房”）看书至十二点，早上六点多起床后再跑步去学校上早自习。有时晚上看书看到十二点多还没睡觉，父亲醒来以后就催促并关灯，我就到“灶屋”——老家农村对“厨房”的称谓——那昏暗的灯光下看书，好些次就在灶前的稻草上睡着了……每天上课时我精神很好，但下课铃声一响，我趴在桌上一下就睡着了。

因为学习辛苦，那时我体弱多病，经常感冒。虽然苦，但我没有放弃努力。我知道，我智商一般，但勤能补拙，凭着这股韧劲，1989年我以全县文科高考第七名的成绩被中南财经大学录取。可以这么说，善于死读书，这是我的杰出才能。

第二，我骨子里比较清高，喜欢过自己内心的生活。

在工作中，我尤其不善于、更不愿意和品行不佳或自以为是的上司打交道。碰到这种上司，我多半会选择“沉默”并独“善”其身。当然，人在屋檐下，不得不低头，平时我会在面上表达礼貌，但绝对不会刻意逢迎，上司会很明显地感觉到我和他不是一路人。

但有些人很擅长这一点，能把这种上司当作爹妈或兄弟姐妹伺候，并如鱼得水，从而最终得到自己想要的。

在这里，以早些年在工行给领导“拜年”为例。在中国，春节期间很多人会到领导家“拜年”。老实说，我非常不愿意去，每年春节从老家回到武汉以后，一想到要去拜年就头痛。但没办法，人家都去就你不去，领导会有想法的。到领导家中，我寒暄几句之后开始讲述自己的情况以及家人近况，感觉相当拘束，拘束得像一个刚刚参加工作的大学毕业生，很尴尬，度秒如年，丝毫没有加深和领导的感情，最多给人家留下“刘宗劲来给我拜过年了”的印象。

但是，有些人就完全不是这样，他们给领导拜年，就像走访老朋友一样自然，游刃有余，相互开心，加深了感情和友谊。

让我感到无比轻松的是，从2007年到顺德职院至今，我再也没有到过领导家拜年了，也许是学校的环境特殊吧。

应该说，我的劣势够突出的了：对数字不敏感、动手能力极差、不善于察言观色、随机应变能力较差……这是否意味着，我这一生会相当平淡、普通，从而湮没于茫茫人海中？

都说上帝是公平的，当他为您关上一扇门，一定会为您打开另外一扇窗。这句话用在我身上再也贴切不过了。

下面，来看看我的优势。

（二）我的优势

曾经有好几个工行的同事这样对我说：“在工行，你完全被埋没了。”对于这一点，我自己也有强烈的感觉，我总觉得我以后会很不错——虽然，我自己也不知道，以后我到底会怎样的“不错”。

我的“不错”是到了顺德职院以后才显示出来的。众所周知，大学有三项功能：传承文明（教书）、科学研究、社会服务。我发现，每一项都适合我。

先说教书。

讲课时我善于发挥，善于将抽象的理论融入故事之中，善于分析知识背后的逻辑，学生很喜欢我的课程。比如，在讲授“财政与金融”课程时，曾经收到2007级会计专业一位学生的来信：

Mr.刘[①]：您好！

听了您今天的课，无意间让我想起中学时学过的一篇课文，法国作家都德的《最后一课》，也许是课文中那个老师深刻的感情非常感染当时的我吧，因此至今印象深刻。

说实话，您是我接受了十多年的教育中遇到的第一个让我真正感受到什么是教育的老师，不知道是该庆幸还是该叹气呢……

而且，您的讲课风格也正是我从中学时就盼望的，我一直认为大学的教育，就应该更关注人与社会的关系，就应该保持一种自省的、开放的态度，而不是一味地教育我们怎么去做一个圣人。

……您今天所说的问题，我们每个人都有深刻体会，只是还没能从您的那个思想深度去考虑分析问题而已……很庆幸，能在顺德职院遇到Mr.刘，一个真正热爱教育的老师。

祝老师生活愉快、家庭幸福！

2009-03-09

再说科研。

在这里，我想用一件事佐证我对学术研究的悟性，用两件事佐证我对学术研究的痴迷。

先说我对学术研究的悟性。因为在银行工作了11年，从事学术研究对我而言纯属半路出家，所以学术积累非常有限，但是我对学术论文的写作悟性很高，2012年我在国务院学位委员会主办的一家核心期刊上发表了一篇学术论文[②]，主题是学术论文写作方法。能够在核心期刊上谈论文写作方法，显然，我对学术研究有较高的悟性。

---

① “Mr.刘”即“刘先生”，这种称谓源于我开始给学生上课时所作的自我介绍，上课讲到我自己时我也喜欢这样自称，所以，有些学生给我写信或发短信时会这样称呼我。

② 参见刘宗劲：《文科类博士研究生学术论文写作：三个常识》，《学位与研究生教育》2012年第6期。

两件事则可以佐证我对学术研究的痴迷与热忱：

第一，近几年，我有两次晚上在火车硬座车厢通宵看教育学学术专著的经历。最近一次是2012年国庆假日期间，那次我回妻子老家湖北石首。9月下旬，我在网上购买了广州到湖南岳阳（岳阳到石首仅两个小时车程，比武汉到石首近很多）的高铁，后来因为工作繁忙忘了在网上购买回程票。9月28日突然想起来时，发现只能购买K81次（西安至广州）经停岳阳的硬座车厢站票。

10月6日晚上20：00左右，到了岳阳火车站以后，我花30元在附近一家路边小旅社美美地睡了4个小时，凌晨0：58分带上一个小凳子上了火车，那晚在异常拥挤的火车两节车厢连接处，我旁若无人地看了一本教育学学术专著。

第二，在厦门大学，我快乐极了。因为那里浓郁的学术氛围，我的内心常常充溢着他人无法察觉的幸福，灵魂深处那种自由的精神和魂灵得以尽情舒展。

最后谈社会服务。

社会服务是指大学为企业、政府等解决实际问题，如为企业解决技术难题、为企业员工做培训服务等。来到顺德以后，2008年，我去珠海看望五年没见的原工行同事黄璟——她喜欢称呼我为“老刘”。聊天中我谈了近几年的学习、工作和生活情况。因为在银行工作，她们请过很多培训师给他们讲课，她对我说：“老刘，从你的表达方式看，我觉得你非常适合做一名培训讲师。”我当时并没有把这句话放在心里，因为觉得这不是一般人能够胜任的。不管是北大、清华的老师，还是一所职业技术学院的老师，真正有能力到企业讲课的可以说微乎其微，原因在于我们的绝大多数大学老师虽有理论水平，但实务工作并不在行。

比方说，一位负责讲授《国际贸易》的大学老师到企业做培训，如果他给企业员工讲国际贸易理论，人家根本不感兴趣；如果他给人家讲国际贸易实务，这恰恰搞反了，一般而言，企业员工的国际贸易实务知识远比他丰富。

再说了，要做一名优秀的企业培训师，亲和力、影响力、激励他人的能力、沟通能力、组织能力、擅长讲故事的能力等要求很高，大多数老师并不具备这些能力。

2009年，我们经管学院换了一任书记和院长。书记在全院职工大会上说，我们是一所地方大学，应该为地方经济建设服务。他找了一家企业，并带回了企业的培训需求表，让我们尝试给企业做培训。

我看到培训需求表上有一个项目是“团队情商”，我当即就报名了。因为早在银行上班时，曾经有好些人说我这个人情商很高。于是在攻读博士学位期间，我专门阅读了与情商相关的书籍，并发表过一篇与情商相关的学术论文。因为对情商这个话题非常感兴趣，在中南财经政法大学给一位老师代课时，我还用一节课的时间讲了我对情商的理解。来到顺德职院以后，我在上各种专业课时都会将最后一次课用来讲情商。

因为那家企业对“团队情商”的培训有学时要求，于是，我花了整整一个月时间准备团队情商的培训内容，没想到，授课获得了超乎寻常的欢迎。

这时我才发现，哟，我居然还可以到企业做培训！于是，我再次想起珠海的黄璟同学那句预言，才明白她所言不虚。

（三）潜能的认知艰难而漫长

就我而言，认识自己的潜能是一个非常艰难的过程：

1989年高考后填写专业志愿时没有任何人指导我，我只是凭感觉选择了“贸易经济”专业，因为“贸易经济”名字好听，而且感觉是做大生意的，能赚很多钱。大学四年，发现对这个专业并没有多大兴趣。

上世纪九十年代初，在中国，银行很“吃香”，是无数大学生梦寐以求的职业。于是，大学毕业时我选择了中国工商银行湖北省分行。在银行工作，由于对数字不敏感，加之难以晋升，我内心郁闷不堪，如此终老一生实在不甘，命运的安排虽难改变，但相信人可以有别样的活法。1997年底，我在《南方周末》发表了一篇文章，文章中发出了这样的感叹：“10年之后，我将怎么样，我在哪里——我实在无从知道。”[①]一种念头开始潜滋暗长并逐渐强烈：我想到大学教书，我要通过考研重返校园！

2003年6月获得硕士学位以后，当年我就报考了中南财经政法大学产业经济专业[②]的博士研究生，并于2004年6月被录取。但当我真正开始博士生学习生涯时我傻眼了：经济学根本就不是我的兴趣所在。现在的经济学以西方经济学为主，偏重定量分析。翻开产业经济学译著，里面充斥着大量的数学公式和

① 参见刘宗劲：《这些日子我咀嚼着》，《南方周末》1997年12月26日。

② 选择产业经济作为攻读博士学位的专业可以用“糊里糊涂”来形容。当时的想法是，只要能读博士就可以在大学教书。考试时有《西方经济学》这门试卷，当时并没有意识到这是整个经济学研究的基础，我当时朴素地以为只是一门课程而已，所以下苦功夫学习了这门课程。

模型，就像一本高等数学书。这让对高等数学①相当排斥并且完全不懂的我如何读下去呢？于是咨询学校相关领导，看能否转换到法学专业。因为学校以经济学、管理学和法学三大类专业见长，只有法学不涉及数学。领导说本校没有博士生转专业的先例。为了规避数学难题，我最终选择了产业经济学中可以不涉及高等数学的农村征地制度作为我的博士论文选题，并顺利毕业。

在攻读博士学位期间，我觉得写学术论文很痛苦，写完以后发表在核心期刊上更难。可能是由于接受了博士学位论文的洗礼，加上博士生期间担任《中南财经政法大学研究生学报》常务副主编所收获的感悟，到了顺德职院以后，我突然发现，我学术论文写作开窍了，因为论文完成以后，我能很顺利地发表在核心期刊上。

在学校工作过程中，身临其境，我发现我们的教育存在很多问题。我还发现，我对教育学本身很感兴趣，于是我果断转向了教育学研究。经征询相关学者意见，我选择了厦门大学教育研究院教育学博士后流动站，研究高等教育，并于2012年12月顺利出站。如今，我醉心于教育学，醉心于学术研究，并且将终身致力于教育学研究。

还有，在顺德职院，我懵懵懂懂地开设了“沟通与情商”这门课程，居然发现自己对沟通和情商有着别具一格的领悟和阐释。我渐渐发现，我在教育方面、在沟通和情商的理解和阐释方面具有潜能和天赋。大学教师，这是一个让我心醉的职业。

在我的潜能日渐显现的过程中，兴趣起着至关重要的作用。事实上，兴趣和潜能往往是孪生兄弟。兴趣通常是潜能的外显形式，每个人的某种兴趣背后正是与兴趣相对应的潜能，很多人的潜能也往往是在追逐兴趣的过程中偶然发现的。

从这种意义上讲，所谓大师，大概就是那些能将自己的兴趣爱好发挥到极致的人，因为他们通过兴趣尽情释放了自己的潜能和才情。

---

① 读本科时我们开了三门高等数学课程，即《微积分》、《线性代数》和《数理统计》，由于对数学完全不喜欢，《微积分》我在开头的时候学了一点点，后面基本上没怎么学，《线性代数》和《数理统计》完全没学。三门高等数学课程的期末考试最终是和一些同学一道，采用作弊方式通过的——考试作弊，这显然不是一件光彩的事情，但这毕竟是事实。当然，我高中时数学成绩还是挺好的，但那不是兴趣，而是跳出“农门”上大学的强大动力让我苦读学成的。

其实，任何人来到这个世界上，都拥有别人所不能拥有的东西。一个人生活的过程，也就是寻找和探索的过程。

如果您不擅长数学，您可能擅长语文；

如果您不擅长语文，您可能擅长绘画；

如果您不擅长绘画，您可能擅长体育；

如果您不擅长体育，您可能擅长音乐；

如果您不擅长音乐，您可能擅长服饰；

如果您不擅长服饰，您可能擅长管理；

如果您不擅长管理，您可能擅长销售；

如果您不擅长销售，您可能擅长养殖；

如果您不擅长养殖，您可能擅长中医；

如果您不擅长中医，您可能擅长表演；

如果您不擅长表演，您可能擅长烹饪；

如果您不擅长烹饪，您可能擅长侦探；

如果您不擅长侦探，您可能擅长古玩；

如果您不擅长古玩，您可能擅长泥塑；

…………

总之，总有一种事业，总有一样东西，会让您大放异彩、出类拔萃。只要我们的“人生密码”和“事业密码”对上号，就像一把钥匙打开一把锁，接着徐徐开启的，便是成功的大门。只是，大多数人，在寻找的途中，因为困难，因为压力，因为气馁，便轻易放弃了。

我们中的大多数人都有巨大的潜力蕴藏在体内，只是很多时候我们不知道而已。所以，哈佛大学心理学家威廉·詹姆斯认为，我们普通人仅运用了自己潜能的10%。

在讲台上，老师问一位女士：“能不能做200个俯卧撑？”女士回答：“不能。”“给你5000元。”“也不能。”“现在我是一个强盗，如果你不能，就杀掉你儿子。能不能？”女士想了想，咬咬牙说：“能！”

相信她一定能！为什么？前面说不能，是因为按照日常的看法，觉得“根本不可能”，但在最后那种紧急情况下，日常的常识就抛到九霄云外去了，占据大脑的只剩下“赶快救儿子！”，于是，看似不可能的事情变成了可能。

因此，无论男女，每个人内心都有一个沉睡的巨人。如果我们能够唤醒这些力量，就能做出令人叹止的伟绩。但往往我们对自己的能力缺乏认识，使得这些能力只能在我们体内沉睡。

在认识人类的潜能方面，在教育学界广为人知的“多元智能理论”对我们更具启发意义。

（四）多元智能理论与我们的生活

1. 关于多元智能理论

美国哈佛大学心理学家霍华德·加德纳（Howard Gardner）在其1983年出版的《智能的结构》一书中提出了“多元智能理论”，该理论认为，人的大脑有七个区域，每个区域主管一种思维能力，一种智能。这七种智能分别是：语言智能、逻辑—数学智能、音乐智能、身体—动觉智能、空间智能、人际智能和自我认知智能。

语言智能和逻辑—数学智能在学校教育中尤其受到重视。语言智能涉及到对口头语言和书面语言的敏感性，涉及到学习语言的能力和运用语言实现一定目标的能力。律师、议员、作家、诗人，都是语言智能高度发达的人。

逻辑—数学智能涉及对问题进行逻辑分析的能力，涉及进行数学运算的能力和用科学方法调查分析问题的能力。逻辑—数学智能强的人适合做统计学家、软件开发人员、理财规划师、精算师等。

同时拥有语言智能和逻辑—数学智能，对学生和任何其他必须定期参加各种考试的人来说，无疑是一个福音。

音乐智能包括音乐的表现力、创作能力和欣赏能力。

身体—动觉智能是指使用整个身体或身体的某个部位来解决问题或创造产品的能力。舞蹈家、演员和运动员，是运用身体—动觉智能最典型的范例。

空间智能是辨认、运用广阔空间或有限区域内物体的能力，如航海员、雕塑家、外科医生、国际象棋手、绘画艺术家和建筑师在这方面表现突出。

人际智能表现为一个人理解他人目的、动机和愿望，并最终与他人有效工作的能力。推销员、教师、传教士、宗教领袖和政治领袖等都需要较好的人际智能。

自我认知智能涉及理解自己的能力、找到符合自己特点（包括愿望、弱点、才华等）的有效工作模式，并据此调节自己生活的能力。

多元智力理论修正了传统智力理论认为“智力是单一的，可度量的”的偏狭观点。

1999年，加德纳又对其理论做了补充，提出除了前面的七种智能，还有一种博物学家智能（自然观察者智能）。一个博物学家展示的，是识别和区分他周围环境中许多植物和动物物种的专业知识，达尔文展现的就是他天生的博物学家智能。①

博物学家智能在商业王国里，是极为重要的。商务交易利用人们能够发现商品之间最小差异的能力，设法促使顾客觉得应该去麦当劳而不是去肯德基用餐，应该开福特汽车而不是普利茅斯牌汽车，应该穿耐克鞋而不是穿阿迪达斯的鞋。由于我们拥有博物学家的智能，我们有能力感觉到新产品之间的差异。②

在加德纳的多元智能理论中，八种智能是独特的，一种智能不能由另一种智能来替代。它们都是社会生活所必需的，无法说哪一种智能最重要，它们同样重要。

2. 在这个世界上，没有差生，只有差别

我们知道，每个人在幼儿时期，特别喜欢向父母或爷爷奶奶问“那是什么？”“为什么呢？”等等，那时的我们对我们所生活的这个世界充满了无尽的好奇，所以，亚里士多德说，求知是人类的本性。③那么，为什么老师、同学和家长心目中的那些“差生”不爱看书学习探索未知呢？

因为传统的纸笔测试过分强调了语言智能和逻辑—数学智能，否定了其他同样为社会所需要的智能，而我们眼中的“差生”恰恰不是逻辑与抽象思维见长的智能类型，我们的教育通过各种方式打压他们，以强力“矫正”他们的学习兴趣，这样反而扼杀了他们的求知热情和兴趣。

在课堂上听了我的情商解读以后，一位女生给我写信表达了她的感同身受：

我从小喜欢画画，从幼儿园到小学、初中一直喜欢画，但初中的班主任摧毁了我在绘画方面的潜能和天赋。

---

① [美]霍华德·加德纳著，沈致襄译，沈致隆审校：《重构多元智能》，中国人民大学出版社2008年版，第33—39页。英国著名动物学家、生物人类学家德斯蒙德·莫利斯在其名著《裸猿》中提到，全世界至今已发现有367种松鼠（参见[英]德斯蒙德·莫利斯著，何道宽译：《裸猿》，复旦大学出版社2010年版，第12页）。我想，如果博物学家智能不发达，我们是很难对367种松鼠作出辨认区分的。

② [美]霍华德·加德纳著，沈致襄译，沈致隆审校：《重构多元智能》，中国人民大学出版社2008年版，第162页。

③ [古希腊]亚里士多德著，吴寿彭译：《形而上学》，商务印书馆1996年版，第1页。

我们学校有一个美术室。初二那年，有一次我去美术室看师兄师姐画画，我也顺手画了一幅画，老师说我有绘画天赋，让我加入他们的队伍。从此，我每天放学后就往美术室里跑，练习绘画。但我们学校有一个规定，即学习成绩排在200名以下的学生才有资格当美术生，而我当时的学习成绩还算过得去，处于100名左右。这样，班主任知道此事后就不让我再去画画了。

有一次，我参加镇上的现场自由绘画比赛，居然进入了区里的决赛。虽然美术老师让班主任通知我已进入决赛，但班主任是这样转告我的："你上次的比赛没有获得任何名次，你就死了这个心吧，因为你没有任何绘画的才能！"因为我偷偷画画，班主任还把我狠狠地训了一顿，并威胁说，如果我再偷偷往绘画室跑就把我调到"差"班去。这对我打击很大，以为自己的绘画能力真的很差，觉得自己一无是处。由于自己本来对学习就没有多大兴趣，老师这样一说，让我不但不再有心思画画，也没有心情学习了，成绩由此一落千丈。后来，一次偶然的机会，我在镇上的青少年报上看到我的作品得了一等奖而且进入了决赛。我随后问美术老师，美术老师说，班主任给他回复说我身体不舒服自动弃权……

因为那次打击，从此我和绘画不再有交集。

古希腊哲学家苏格拉底说，喜欢并善于读书也是需要天赋的，并不是每个人都喜欢读书，有些人有读书的天赋，有些人没有。任何一个人都不应该被迫地进行任何学习，被迫进行的学习很难在心灵上生根。因此，他呼吁不要强迫孩子们学习，可以通过做游戏的方法，以更好地了解他们每个人的天性。[①]

台湾著名漫画家朱德庸同样深有感触，他说："人就跟动物一样，动物一生出来就立刻知道它的本能是什么，人一生出来，他会展现他的本能。但是这个本能，有的小孩子是会反映在画画上面，有的小孩是会反映在音乐上面，有的小孩会是反映在这个手工的部分，每一个人的特长都会显现出来。但是他显现出来之后，大人世界是不会让他发展下去的。大人只有一个标准，就是念书。让所有小孩都去接受各种补习，他的本能都消失掉了。当人本能消失掉的时候，他就变成另外一种人。这就像非洲大草原上，一只斑马生出来，它妈妈

① [古希腊]柏拉图著，郭斌和、张竹明译：《理想国》，商务印书馆1986年版，第302—305页。

就跟它说，你不要给我吃草，你也不要在草原上跑，你要学狮子，去捕获食物。你想想看这斑马如果开始学做狮子，它长大之后会不会疯掉？”[①]

因此，在现实的应试教育环境下，那些“差生”的短处暴露得比较彻底，他们的智力个性被长期压抑，其潜能往往被埋没在深处，由于一味地扬短避长，他们长期受批评，长期受歧视，他们的意志和信心逐渐被摧毁，进而非智力因素（比如情商）也成了他们发展的障碍。在智力因素和非智力因素消极地相互作用之下，形成恶性循环，他们灰溜溜地长大，心理长期处于亚健康状态，最后连他们自己也不明白自己还有出色的地方，导致他们身上的许多重要潜能得不到确认和开发。

所以，霍华德·加德纳不无遗憾地指出：“当今社会只有一小部分人的才能受到重视，而大多数人的潜能却被浪费了。”[②]

良好的教育制度应该以个体为本，要对学生的智能类型予以尊重，对他们的智力潜能给予挖掘，要让他们找到人生的意义，这是当代教育的使命所在。

苏联著名教育实践家和教育理论家苏霍姆林斯基提出过一个著名的口号：“让每一个学生都抬起头来走路！”[③]这就是说，每一个学生，都应当在自己有可能的某一个方面作出显著的成绩，树立起自尊感，树立起做人的自信心，享受生活中的欢乐。

我在顺德职院给学生[④]讲这个话题时，一个学生很有感触并给我发了一封邮件，在信的最后，这位学生特意写了这样一句话：“我们都是好孩子，最最善良的孩子……”前面我说过，我是一个性情中人，看到这句话，一下就触动了我的内心，眼泪开始在我眼睛里涌动……

每个人的天赋都是不一样的，语文或者数学成绩不好并不意味着他注定要过一种卑微的生活。这样的例子在生活中数不胜数，下面略举三例：

---

① 夏榆：《朱德庸语录》，《南方周末》2009年8月6日。

② [美]霍华德·加德纳著，沈致隆译：《多元智能新视野》，中国人民大学出版社2008年版，第188页。

③ [苏]瓦·阿·苏霍姆林斯基著，杜殿坤译：《给教师的建议》（上），教育科学出版社1980年版，第179页。

④ 高职教育是中国经济转型及高等教育大众化的产物。高职院校学生作为大学生群体中的“新兴一族”，在群体构成上有着明显的特殊性，即高职院校招的大多是那些普通本科院校的“落榜生”，在高中阶段，他们大多属于老师眼中的“差生”。

中国著名演员李保田从小就在性格上桀骜不驯，小学三四年级时无法忍受课堂上刻板的教育方式，对偶尔来村头表演的戏班子的戏曲渐渐着迷，甚而迷恋戏班之人的流浪般的生活，于是在一个阳光灿烂的日子里，他看完戏后没有跟父母打招呼就跟在戏班子屁股后头走了，开始了他的戏曲人生。几年之后当他与家人重新联系上时，他的父母很吃惊，因为他们已经认定他们那调皮捣蛋的儿子早已不在人间了……如今李保田是深受观众欢迎的实力派影视、戏剧演员。①

吉莉安8岁时上学迟到、书写糟糕、测试成绩差，学业一塌糊涂。不仅如此，她还是整个课堂的破坏者，上一分钟还在吵吵嚷嚷，下一分钟又向窗外张望，逼着老师不得不停下教学去拉回她的注意力，但是接下来她又开始骚扰邻座。学校认为吉莉安有某种学习上的障碍，未来很危险，向她父母建议转往那些专门设立的特殊学校。惶恐不安的吉莉安父母带她去见心理医生，希望能为她做一个准确的诊断。在心理医生办公室，医生向吉莉安的妈妈询问了吉莉安在学校的情况、她在学校遇到的困难以及据学校所说由她造成的麻烦。虽然医生没有直接问吉莉安任何问题，但是从头至尾他一直很仔细地观察她的举动，这让吉莉安非常不安而且很迷惑。20分钟之后，医生和吉莉安的妈妈停止了谈话，他站起身对吉莉安说："你等一下，我需要单独跟你妈妈谈一谈。"当他们离开的时候，医生伸手越过办公桌，打开了收音机。他们一走到房间外的走廊上，医生就对吉莉安的妈妈说："就在这里站一会儿，看看她要做什么。"心理医生办公室的窗户安装的是单向玻璃，即外面可以看见里面，但里面不能看见外面。医生和吉莉安的妈妈发现，他们一离开，吉莉安几乎是立即站了起来，伴着音乐在房间里走来走去。两个大人站在外面静静地看了几分钟，被这个女孩儿表现出的魅力惊呆了。任何人都能注意到，在吉莉安的动作中有一些天生的、甚至是原始的东西，正是这些东西让女孩儿的脸上展现出了绝对的快乐。最后，心理医生转向吉莉安的妈妈，说："如你所知，吉莉安没有病，她是一个舞蹈家，送她去舞蹈学校吧。"于是，吉莉安被妈妈送去了舞蹈学校……最后，她加入了皇家芭蕾舞公司，并和安德鲁·劳埃德·韦伯（Andrew Lloyd Webber）一起，创作了一些音乐剧史上最成功的作品，包括《猫》（Cats）和《歌剧魅影》（The Phantom of the Opera）。当初那个小小

① 王斌：《李保田其人》，《南方周末》2010年9月23日。

的、不知道未来在何处的吉莉安如今成了世界著名的吉莉安·琳恩，最有才华的舞蹈创作家之一，她给数百万的人们带来快乐，并且也拥有数百万美元的收入。这一切之所以能发生是因为她真正的爱好被发现了并成为她自己而已。①

2009年，作为“汽车2009年之家”和“车168”的创始人，28岁的李想实现了四年前由IT转型做汽车资讯的目标，而公司资产也从十年前的十万元升至两亿元人民币。这般光景对于十年前的高中毕业生李想来说，自然是未曾想到的。此前的李想并不是别人眼中的精英人物，当他说要放弃高考立志创业时，老师连劝都没劝就同意了，“差生”李想的退出，有利于提高学校升学率。李想从初中开始就迷恋电脑，上了高中，李想越来越沉迷于电脑与电脑杂志，最后“嚣张”到连考试都懒得参加。父亲李宪法至今仍清晰地记得18岁的儿子说出不上学的理由，“互联网是个潜力无穷的增长市场，现在我不去占领，等我读完四年大学，早就被别人占领了。”②

因此，我们发现，在现代的学校教育体系中，许多所谓一无是处的“笨蛋”“傻瓜”或者“差生”，都只是一些没能找到适合自己位置的孩子，是硬被按在方孔里的圆形孩子。

2011年暑假回家，和父亲闲聊时无意中谈起我的那些小学同学。由于条件所限，当时大部分小学同学都没有考上初中。

父亲说，当年那些成绩差的同学现在好多都“发”了，有开汽车修理厂的、有搞建筑的、有做餐饮的，等等，赚了很多钱，以至于小学老师现在见到那些曾经经常辱骂过的学生都不好意思——我们都知道这句话：“天生我材必有用”，但是很多人并没有细想这句话，其实，这是非常朴素非常直白的真理。

在这个世界上，没有差生，只有差别，人人皆可成才。所有的成功都是个性的成功，因此，教育的真谛是让孩子成为他自己。

但是，我们经常可以在报上看到学生因为成绩差而被羞辱的新闻。比如，据《南方日报》2013年4月11日报道，某地一名英语老师给学生家长群发短

---

① [美]肯·罗宾逊、卢·阿罗尼卡著，申志兵译：《让天赋自由》，中信出版社2010年版，第3—6页。

② 潘晓凌、刘志杰：《李想：李少、80后、互联网新贵》，《南方周末》2009年12月31日。

信，通报学生测验成绩情况，在短信中老师称“这些连80分都不到的是垃圾，××（学生姓名）53分，×××（学生姓名）51分更是垃圾中的垃圾。”这种做法不但是对孩子的伤害，也是对我们传统文化中“有教无类”的背弃。

事实上，分数评价方法与人的发展规律是相违背的，因为人的发展是呈模糊状态的。比如，两个学生高考都是620分，我们能说他们未来的人生一样吗？肯定不一样。一个高考600分的人肯定没有高考680分的人有前途吗？显然二者不成正比关系，完全有可能600分的人一生过得很幸福，680分的人境遇让人叹息。

因此，面对记者提问“您希望孙子长大后是出国读书还是上南方科技大学”时，南方科技大学校长朱清时平静而意味深长地做了这样的回复：“我希望他能够健康发展，不一定上大学，成为品德高尚、完整的人就行。”①

我不知道，什么时候，我们的中小学基础教育，才能够把那些所谓的“差生”从那些血腥的学业噩梦中拯救出来，用尊重和善良填充他们的青葱岁月，从而让他们快乐、温暖、有尊严、有梦想地生活？

3. 每个孩子都是一个潜在的天才儿童，每个人都有成才的潜质和可能

加德纳的智能分类，具有归类特征或者抽象模式。加德纳指出，将智能分成几大类只是一种方便的做法，人类才能的多样性是无法简单分类的。加德纳及其同僚曾尝试将这几大类再细分为20类，例如将人际智能再分成四类“亚智能”：领导能力、交朋友的能力、解决纷争的能力、分析社交生态的能力。通过本书后面“建立良好的人际关系”那一章内容，相信您会发现，我在“分析社交生态的能力”这方面具有天赋。

我在讲“沟通与情商”课程时不少学生也发现了这一点，其中一位学生给我的来信中有这样一段话：

老师，我觉得您的洞察力很强，善于捕捉信息，总是能够从自身经历和生活细节中挖掘和解剖生活的道理。

虽然一般人会发现您所说的生活中的那些道理，但很少有人留意，更很少有人思考。

---

①陈林：《朱清时：中国大学“去行政化”改变很难》，中国新闻网2013年1月18日。

加德纳说："一个人可能在任何一种智能上都没有特殊的天赋，但如果他所拥有的各种智能和技巧被巧妙地组合在一起，说不定在担任某一个角色时就会很出色。"[①]我的个人情况生动地说明了这一点，单看某一个方面，我并不耀眼，否则我早就出类拔萃了。我在身体—动觉智能（涉及动手能力等）和空间智能（涉及魔方玩具等）两方面存在严重缺憾，但是我的语言智能、人际智能和自我认知智能不错，通过综合运用这三方面的智能，或许，我将成就出彩的人生。

因此，我们不要说哪个人聪明，而要讲哪个人在哪个方面聪明，每个人都有成才的潜质和可能，从不同角度评价，每个人都可以是第一。我们可以用这样一句话来诠释这一点：做最好的自己，做世界的第一。

事实上，人自出生之时，已经带着延续远古至今的某种人类特质。

据报道，美国一个15岁的女孩，智力发展水平只相当于一个孩童。她只对很少的东西感兴趣。她爱幻想，不爱活动，大部分时间都对周围的事物漠不关心。

直到有一天，她在街上听见一段管风琴的演奏时，忽然完全清醒了。她找到了自我，她一下子发现了自己的才能，而且她的才能在几天之内获得了一般人几年才能获得的提高。几乎在一天之内，她从一个儿童变成了一位含苞欲放的少女。

那位少女智能发育不正常为什么仍有出彩的表现呢？因为对大脑损伤病人的研究结果表明，某一种能力丧失的时候，其他能力可能完好无损。[②]也就是说她虽然智能发育存在一定程度的障碍，但其天赋正好没有受到损害。

如果国外的案例太遥远，看看我们身边的吧。出生于1978年4月1日的胡一舟，被大家亲切地称为"舟舟"。他的父亲是武汉市交响乐团的大提琴手，出生一个月后就被专家鉴定为先天愚儿，智商只有30，他不会做10以内的加减法，不识字，不识简谱，更不识五线谱。然而，在音乐上舟舟却有着超出常人的天赋。

① [美]霍华德·加德纳著，沈致隆译：《多元智能新视野》，中国人民大学出版社2008年版，第25页。

② [美]霍华德·加德纳著，沈致隆译：《多元智能新视野》，中国人民大学出版社2008年版，第24页。

3岁时，舟舟跟着父亲走进武汉交响乐团的排练厅，久而久之便对交响乐产生了浓厚的兴趣，而且特别专注于乐团的指挥者。当乐团在排练时，舟舟也会拿出小棒棒之类的站在一边比画，模仿指挥家指挥演奏。舟舟4岁那一年，一次排练间隙，平时见惯舟舟模仿指挥的乐手们逗舟舟登台指挥大家演奏。舟舟二话不说，当场爬上了指挥台，举起了指挥棒。奇迹出现了，只见舟舟煞有介事地敲了敲谱台：“预备，开始！”乐手们起初觉得挺逗，后来觉得他的指挥动作实在是惟妙惟肖，便在哈哈大笑中纷纷随着他的指挥棒演奏起经典的《卡门》。舟舟的天才指挥就这样被发现了。

目前，他已经成功地指挥过美国国家交响乐团、辛辛那提交响乐团等世界著名音乐团体。指挥台上，只要音乐声起，舟舟就会神采飞扬，自信而优雅，浑身透着灵气。他制造的音乐神话应验了一位音乐家的评价：“给他一段旋律，他就能划出最美的弧线。”

所有的生命都是值得尊重的。

应该说，每个孩子都是一个潜在的天才儿童，只是经常表现为不同的形式。这正是一切教育和培训的逻辑起点。

据报道，2011年10月31日晚，周杰伦到上海参加慈善活动，并和陈奕迅首度同台表演《淘汰》作为压轴，成为当晚的最大亮点。受访时，陈奕迅谈及对周杰伦的印象时，他语出惊人：“我一直很好奇，他是人吗？我看着觉得不是，怎么会有人有那么多才华。”

周杰伦的确很有才，但他只不过是把自己的潜能充分展现出来了而已。试想，如果周杰伦的父母像不少父母那样，只求孩子学习成绩好，不屑于搞音乐那些“歪门邪道”[①]，那么，周杰伦就不会成为周杰伦，最终很可能淹没于茫茫人海中，泯然众人矣。其实，对于有些孩子而言，那些所谓的“歪门邪道”，可能恰恰是能够成就他生命亮色的人生通途。

当然，对于大多数小孩而言，除非很早就发现了其独特的兴趣和天赋，还是应该好好念书，因为多数人没有生活阅历很难发现自己的喜好，不少人终其

①之所以称为“歪门邪道”，是因为在我们现行的中小学教育体系中，学科中隐形的森严等级是显而易见的，一般来说，语文、数学和外语处于最高层次；物理、化学、历史、地理等处于中间层次；音乐、舞蹈、体育、绘画等则处于底层。这种隐形分类的效果是，家长和孩子都认为搞音乐、舞蹈、体育、绘画等不可能有什么出息，前途暗淡。

一生都不知道自己的潜能和特长，而我们安身立命所必须具备的知识和技能是不能没有的。

2011年，我曾经在夜大碰到一位自修大专的学生，问他为什么白天上班晚上还来上学。他说，他高中文化，现在在一家企业做普通的车工，简单的手工操作，基本上不需要任何技能，收入低，工作累，他想从事会计工作，因为会计工作要轻松一点，收入也会高一些。他说，他是没有办法才选择在夜大继续学习，否则以后的生活实在是太难了——生活终究是现实的、残酷的。从某种意义上说，多读书，将来才会拥有更多选择的权利，从而选择自己认为有意义的工作，而不是被迫谋生。以我为例，如果我书读得不多，也许我就不会过上今天的理想生活。

因此，教育的主要目的，不仅仅是传授知识，更应该发掘并引领我们每个人天赋的发展。

三、扬长避短，选择今生您喜爱并适合的职业

（一）从一封大学毕业生的来信说起

我们先来看一位我曾经教过的毕业生给我发来的一封邮件。

刘老师：

您好！

…………

从学校毕业回到家乡以后，一开始，我找到了一份在工厂里面的外贸工作。时间灵活，交通方便，待遇也不错，老板肯教我，里面的同事也很好。干了一个多月，在我找到工作的激情、开始上手的时候，家人又给我找到了一份自来水公司的正式工作。为这事，家人找了很多关系，我也不好推脱，就妥协了。

但自来水公司太无聊了，没什么事干，一天下来都是闲的，我真不知道自己在做什么。每天都是上班、吃饭、睡觉，就像坐牢那样，我觉得自己快得抑

郁症了。我过得好低落啊。虽然之前的工作很忙，可是很充实，做得很开心。这里轻闲，但是度日如年。因为每天过得郁郁寡欢，回家了也不跟父母说话，都板着脸。因为之前我已经跟他们说过我不想去自来水公司，现在被招收了，如果我拒绝的话，他们会觉得丢脸。

当然，我意识到，妥协也是自己的选择。

就这样呆了一个月，事情开始多了，我突然忙了起来，忙碌填充了我的空虚。可每天工作结束，在回家的路上，脑袋又会想很多事情，我不知道做这些工作对我以后有什么帮助，每个人都说我找了一份好工作，因为轻松、稳定、有保障。

但是，我没看出哪里的好，我不甘心一辈子呆在这里。我是那种想看看外面世界的人，之前也有一个到马尔代夫工作的机会，我们学校有师姐去了的。我也参加过面试，主考官觉得我OK。因为自修本科还有两门科目要考试，我就放弃了。

本来，我大一开始就有一个计划，做两三年的外贸，赚够钱了就去美国做互惠生[①]，即使回国以后继续做外贸应该也会有帮助，这个愿望到现在还扎根在我心里。

不过，在这里，不知道两三年后我是否还有勇气辞职不干。不知两三年后，我会混得什么光景。混得好，我怕我舍不得出来。混得不好的话，走出来当互惠生，我又会觉得这两年白过了，因为目前的这份工作没有任何技术含量。如果到时我去做了互惠生，回国以后我肯定不能再回自来水公司了，也不知道能干什么，创业我也没有本钱。

现在，我很没有方向感，什么目标都没有。上班也没有特别用心，得过且过，过一天算一天，心里非常不安，总是忧愁着什么。

希望老师您能给我指点一下O(∩_∩)O

谢谢！！！

您的学生 ×××

2011年12月6日

来信的这位学生是我校国贸专业的毕业生，我曾经给她上过课。她的困惑

① 这个学生是一个有心人，她在信中还特地给我提供了关于“互惠生”含义的链接网址，通过搜索，我得知，互惠生是最早起源于英、法、德等国的自发的青年活动，旨在给来自全世界的青年们提供一个在别国的寄宿家庭里体验文化和学习语言的机会。

也是当今许多就业者的困惑。试问，在这个世界上，有多少人找到了自己喜爱并适合的职业（岗位）？不少人似乎没有。

我有一位大学同学，毕业后进了政府机关，由于骨子里很清高，和官僚文化格格不入，因此平时工作非常不开心。但他对人的心理洞察能力很强，和他聊天，他分析我们大学班上同学的性格特质可谓剔肤及骨，入木三分。他说，他现在发现自己很喜欢也很适合心理咨询师这个行当，但是目前中国心理咨询行业仅处于发展阶段，而公务员工作很稳定，在家庭和世俗的压力之下，他不可能辞职去做心理咨询师，只得每天在单位里过着庸碌无为、苦不堪言的生活。

这样的情况在生活中比比皆是。

比如，做会计工作的觉得成天与数字打交道，太枯燥，做梦都想做销售工作；而真正的销售员不喜欢与人打交道，喜欢到实验室做实验，希望能够做科研工作；而真正的科研人员，其个性耐不住寂寞，思维和禀性非常适合到政府机关工作，所以，希望能够成为一个公务员；而真正的公务员觉得成天迎来送往，没有任何价值感，梦想开一家属于自己的公司实现人生价值；而真正的公司老板，发现自己的个性难以面对方方面面的关系，梦想去做一个老师；而真正的老师经年累月教同样的课程，感觉无聊透顶没有任何意义，梦想通过加盟，开一家高档服装专卖店，只是苦于没有本钱……

我就有这样一位同事，觉得教书没有什么成就感，国内高校行政化又严重。他说，他“每分每秒都想离开这里”，只是，他不知道出去以后能干什么，所以只能在这里混日子。美国当代著名教育家赫钦斯在其名著《美国高等教育》中声称，在大学谋职的75%的博士研究生对研究不感兴趣，他们攻读博士学位仅仅是为了保住在高校的职位。[①]

为什么大学里真正受学生欢迎的老师不多？原因就在这里，不少老师仅仅因为“稳定、体面”等缘故选择了高校老师这个职业，但他们本身对教书育人和科学研究并没有多大兴趣，所以，难以用心去从事这份事业。

在这个世界上，这种入错行的人太多了，他们每天过着灵魂与肉体相分离的生活，他们的生命色彩往往不够明亮，因为他们没有选择能够激发其潜能的

---

①［美］罗伯特·M.赫钦斯著，汪利兵译：《美国高等教育》，浙江教育出版社2001年版，第21页。

生活，因此感到十分痛苦。在网上看到一句与此相关的冷笑话，让我深以为然："不管你学什么专业，找工作一定要找一个你喜欢的，这样你每天早晨六点到晚上八点都是高兴的。再找一个喜欢的人在一起，这样晚上八点到早晨六点都是开心的，这TMD的才是生活……"

（二）工作的乐趣就是生活的乐趣

美好生活不是抽象的存在，它是在我们的劳动过程中体验的，而且，人生醒着的大部分时间都在工作，因此，工作的乐趣就是生活的乐趣。

我有一位初中同学，卫校毕业以后到县人民医院做了一名护士，但她非常不习惯每天面对各种痛苦的表情，几年之后到了自己钟爱的银行工作，感觉人生彻底解脱了，方才明白什么叫做舒心的生活。

我也很庆幸，庆幸自己找到了人生的坐标。

我从武汉来到顺德，曾经有一个我昵称为"华华"的朋友友善而明确地表达了对我博士毕业以后择业的"不满"。

华华是低我两届的校友，毕业以后，进入了我们国际业务部工作，由此成了很好的朋友。华华在国际业务部工作两年之后就离职去了深圳，先后在证券公司、中兴通讯、华为（均做财务）、香港渣打银行深圳分行工作。因为他毕业于国际投资专业，英文很棒，对数字尤其敏感，所以在每一家公司都做得很出色，现在国内一家上市银行任投资顾问。

我来到顺德两年以后，有一次他专门给我电话，希望我认真规划设计自己的人生。准确地说，他希望我不要再在顺德待下去了。在他看来，我好不容易通过个人努力脱离农村在大城市（武汉）生活了18年之久，而今居然到了一座小城市[①]工作。

他说："教书有什么前途呢？如果你想过老师瘾，教两年书就可以了。你曾经在省级银行国际业务部工作了十多年，又有经济学博士学位，你到大城市随便找一家银行都比你现在收入高很多。这样吧，你到深圳来，我给你介绍工作。"我笑着问他："那我过来一年大概有多少钱？"他说："刚来的话年薪二三十万肯定没问题。"

华华是难以了解我的个人志趣的，我也没必要说服他。我想，如果——

---

① 这并非指顺德本身不好。顺德作为中国改革开放的名片之一，经济富足；顺德人的淳朴友善同样让人温暖。朋友意指顺德终究是一座小城市，不能和大城市比拟。

我说的是如果——如果北京或者上海的一家大银行请我去，并且给我年薪100万，两相比较，我还是宁愿在顺德职院教书——尽管顺德是一座小城市，尽管这里收入远没有那么高。原因很简单，仅仅因为我醉心于学校的工作。

人之一生，关键是要找准自己的位置，做最好的自己，这是您快乐和幸福的前提。因为对待我们感兴趣的事情，我们往往会很努力，并且越能发挥自己的天赋。

比如，由于对沟通和情商的强烈兴趣和如醉如痴，我常年随身携带一个迷你便签本，每天，是的，每天我都会在灵光一现中记录既往的人生经历中与情商和沟通相关的感悟。特别是外出乘车，因为坐在车上没什么事做往往思绪飞扬。

比如，在顺德，每周六我都要从学校去市区购买一周的“口粮”，在往返的公交车上，我一般会记录好几条与情商和沟通相关的感悟，要么是近期或者很早以前发生的事情，要么是对近几天授课内容、结构和文字表达（甚至是一句话）的修正。所以，您现在才能看到我人生中各种与情商相关的生活细节完美而富有逻辑地呈现在本书中。

有学生在来信中这样评价我：“老师，我觉得您是本校最值得拿这份工资的老师，因为您对这门课相当用心，看得出来，您对内容的安排和课件的设计花了很多很多的功夫。”

但是，我乐此不疲，因为这是我自己喜欢做的事情，而且还能逢山开路，遇河搭桥，一往无前。在这种情况下，工作成为一种生活乐趣，您会觉得人生很幸福。

至少，从1998年准备考研究生以来到今天，除了寒暑假偶尔陪妻子看看少数电视节目的少数片断，我平时很少看电视。除了2001年考研结束之后看过《长征》以外，没有再看过第二部电视连续剧，也从来没有打过麻将——当然，也不会打。换句话说，我平时基本上没有什么娱乐活动，只是简单地过着他人眼中的苦行僧生活。但我感觉很幸福，因为我有目标和梦想，我觉得在文化传播和学术研究这两方面有太多的事情等着我去完成，我并不觉得累，因为我喜欢。特别是现在，很多时候我想，要是可以成天不睡觉该多好啊，那么，我就可以夜以继日地做我喜欢的事情了。

其实，我们每个人都拥有与生俱来的意愿、潜能和天性，这些东西指示着我们的渴望、兴趣、热情以及好奇心，这就是使命。只有这种使命才能给我们的生命带来价值和意义，从而让我们的生活洋溢着幸福。相反，如果“没有兴趣，就是思考也会是草率的和肤浅的”。[①]

现在有一句流行语，叫做“与时俱进”。当前这个社会高速发展，一日千里，我们的思想和行为应该“与时俱进”，跟上时代的步伐。但是，在选择职业这个问题上，我们千万不要“与时俱进”。试想，让一头牛同一匹马去赛跑，滑稽可笑吗？答案是显而易见的。但是，这种现象在择业中可谓司空见惯。

当今这个社会最热门的职业是什么？公务员、教师、金融等等，结果大家一窝蜂地往里面钻。原以为这些职业可以避免艰辛、荆棘和困苦，结果往往会毁掉很多年轻人，就像刚才那位毕业生来信中所表述的那样。

物欲横流、急功近利既是这个社会和时代的显著特征，也是这个社会和时代的悲哀，“功利是这个时代伟大的偶像，所有的权力都必须为之服务，所有有才智的人都宣誓为之效忠。”[②]因为物欲和功利只是出于动物性贪欲的某些本能，它并不要求我们去思考、创造，或者争取快乐，从而导致人类走向愚蠢。

下面，我们来对比一下，看看我的大学曾经有多么的风光，而到了银行又是怎样的暗淡。

因为小学成绩好，我的小学老师钱世习帮我订了《中国少年报》，并要求我每天写日记，也许受此影响后来作文写得不错。大二开始，我出于兴趣要求自己每周写一篇作文，写作水平渐长后于1991年8月在吉林出版的《青年月刊》上发表了人生的第一篇文章，稿费8元，并由此进入《中南财经大学报》学生通讯社，成了一名学生记者。当时校报是旬报，出版后每个宿舍发送一份，在当时没有电脑没有网络、信息来源渠道单一的年代，大家都很喜欢看校报。学生喜欢看，老师更喜欢看。由于我经常在上面发表文章，很多老师和同学都知道我的名字，有些同学甚至以认识我为荣。随后，我还在《武汉晚报》发表过一些随笔。

尤值一提的是，大三寒假，我独当一面，组织了一次大型的当代大学生消

---

① [美]约翰·杜威著，王承绪译：《民主主义与教育》，人民教育出版社2001年版，第142页。

② [美]丹尼尔·科顿姆著，仇蓓玲、卫鑫译：《教育为何是无用的》，江苏人民出版社2005年版，第205页。

费状况问卷调查活动，同时由本人设计的问卷通过学生通讯社同仁向全国高校散发，经过统计与分析，由此而形成的纪实文学《高等学府的消费世界》（4200字）在《中国消费者报》1992年6月20日头版头条位置配照刊发，论文《来自“象牙塔”的消费报告——大学生消费研究》（6400字）登载于中国社会科学院社会学研究所主办的学术刊物《青年研究》1992年第8期——这篇论文至今仍被相关研究引用。1993年1月，我被中南财经大学校团委评为“1992年度学生十大科研新星”。

1992年初邓小平南巡，奏响了中国进一步改革开放的时代强音。为了亲身感受南国的氛围，并为毕业去向做准备，那年6月底，大三的我们在广东湛江的实习生活结束以后，我独自去了海口、三亚，然后又返回湛江到了佛山、顺德、增城、惠州、宝安、深圳、广州，最后回到了武汉。因经济条件限制，在一个多月的时间里，没有吃过几顿饱饭，没有睡过几次好觉，历经艰辛。返校以后，在校学生工作部的支持下，我为同学们作了一场“南国飓风报告会”。

以上“事迹”学校校报都有报道。因此，用“风云人物”来形容在校时的我，一点也不夸张。

因为表现“突出”，我得以进入湖北省工商银行。

当时之所以选择银行，因为在那个年代银行业“钱多”，相当火爆，是一个人人都羡慕不已的职业，所以，我一心一意、“与时俱进”地进了银行。

前面说过，我在银行做会计工作很别扭，其实，最让我冒冷汗的还是在国际结算科工作的半年。我不懂英语①，不熟悉国际结算业务，会计也一知半解，每天的工作状态相当狼狈。我逐渐发现，即使我努力乐在其中，我的个性和才情都和银行的整个工作环境格格不入。

比如，与顾客或者同事谈业务，我完全找不到感觉，不知道谈什么、怎么谈。但如果谈日常生活、谈宏观的东西（通俗的说法即“吹牛”），那我立马

---

① 和数学一样，我对英语也没有多大兴趣——高中努力学主要是受跳出农门的驱动，更要命的是，上了大学，当时的英语老师每节课都点名让我们班上三个来自农村的同学回答问题，由于我们高中基本上没有听力训练，在课堂上“洋相”出尽，让我对英语倍加厌恶，所以大学毕业时连英语四级水平都没有。大学英语课程结束时，我当时从内心欢呼：从此以后再也不用学英语了！没想到毕业后进入湖北省工商银行，被人事处阴差阳错地分到了需要一定外语水平的国际业务部工作。我现在的英语水平是后来考研究生补上的，关于这一点，后文有叙述。

就来了精神，并很快进入状态，以至于一位籍贯湖北恩施的女同事无不嘲讽地对我说："你根本就不适合在银行工作，最多适合在政府机关混一混！"

这种不屑显然让我难过，但同事并没有夸大，而且评述是客观的。到下属各市银行出差"检查"、"指导"工作同样让我羞愧，因为很多业务的本质我完全不了解，只能说一些应景的、面上的话。我相信下属单位中接待过我的不少人会认为我是一个典型的不学无术之徒。其实，我自己清楚，这并非我不努力，只是因为我对银行业务实在不敏感而已。

与此形成鲜明对比的是，在读博士期间，我任《中南财经政法大学研究生学报》①常务副主编，主持日常工作。我每两月主持召开一次编审会，我谈感想、谈问题、谈对策，信手拈来，内容绝不重复。如果您是编委会成员，您会充分感知我游刃有余的编审才华和得心应手的管理才能。原因很简单，我对文字工作有着异乎寻常的敏感、热情和痴迷。

在这个世界上，为什么有那么多的人，在大学期间他们曾经才华横溢，但是到了社会就成了失败者呢？或者说，为什么很多大学生在校（包括学业）非常出色，但毕业之后就令人失望了呢？

原因很简单：大学可以朝自己的心性自由发挥。比如我写作能力不错，敢于异想天开，这才有了大学的风光，正是天性给了我滋养。但是进入社会就不一样了，因为很多职业恰恰没有顺应我们的天性。当我们试图从事那些不适合自己的工作的时候，我们依靠的不是自己的强项，而是自己的弱项。我们的意志、力量和热情都被削弱了。由于我们不能像别人那样出色地完成工作，被人低看，从而对自己丧失信心，整个生活的基调都变得昏暗和低沉。

因此，对我们而言，什么是好的职业？能够激发我们的兴趣和潜能，从而带给我们尊严，带给我们美好生活的职业才是好职业。有道是：世上本无垃圾，全是放错了地方的财富；世上本无蠢材，全是放错了岗位的天才。

从这种意义上讲，人生最重要的不是努力，不是奋斗，而是选择自己喜欢和适合的东西。您的爱好就是您的方向，您的兴趣就是您的资本。

---

①《中南财经政法大学研究生学报》系校内学术期刊，每两月出版一期，主要刊发校内外硕士生和博士生的论文。

（三）朝自己的天性发展

1. 一个人只有通过认识自己的局限才能过上有意义的生活

我们发现，生活和工作中的“失败者”往往都是没有找准自己位置的人，曾经的我就是一个典型的例子。

类似我这种情况的并不少见。2013年，国内一家电视台在强势宣传中，声称将推出一档“大牌”明星坐镇的音乐节目。在万众瞩目中，首播却引来了一边倒的差评，遭遇网友疯狂吐槽。除了选手无亮点、剪辑很混乱以外，“大牌”明星也成了网友吐槽的对象。为此，我特意通过网络观看了两天前的节目视频，发现几位明星的表现可圈可点之处不多。因为节目中需要点评，需要与选手互动，这需要极强的现场驾驭能力，但那几位明星中有的明显不具备这种能力，因而难有出彩的表现。和我的直觉一样，我随后发现有网友直言不讳地如此评论其中的一位明星：“我很喜欢节目中的×××，但只限于不说话的时候。”

因此，一个人若是做违背自己本性的工作，无异于逆水行舟，是不可能取得成功的。一个人，也只有通过认识自己的局限才能过上有意义的生活。

您愿意招聘火鸡还是松鼠，通过培训和教育让其学会爬树？答案是不言而喻的。

很多东西是先天决定的，人这一生只有学会扬长避短，才能出人头地。

我有两位大学同学，由于我们都曾任职于学校某社团，后来成为关系很要好的朋友。一位是研究生，和我同年毕业，现任某上市银行深圳分行行长，年薪至少应该有上百万吧；另一位朋友比我低一级，本科毕业后继续在本校读研究生，1997年硕士研究生毕业以后混迹于深圳各大证券公司，由于他对股市的观察力很强，股票基金都做得非常不错，曾获得过国内证券界很多荣誉称号，凭我的观察和了解，我估计其家资至少有几千万。他们两个都很有钱。这些年来，我去过深圳很多次，每次去都要找他们叙聊，他们也极尽“奢华”地款待我。和他们在一起，我感觉自己比穷光蛋还要穷光蛋！

那么，我是不是也要追随他们的脚步去“发财”呢？一个在银行，另一个在证券。银行，我显然是“混”不出名堂了，因为工行的经历已经以雄辩的事实充分证明了这一点。证券呢？如果说银行要与数字打交道，那么证券则更要与数字打交道了。在证券方面我有多愚笨？在这里，我再讲一段让我备感羞愧的经历。

2007年刚来顺德职院时，专业负责人给我安排了一门课程“证券投资”，这门课程除了36个学时的理论，另有两周的实训[①]。给高职学生讲理论知识，这对我而言轻而易举。但在实训教学环节备课时，书上的那些股市技术图形我完全没有感觉，看文字说明则看得我脑袋发胀。但我上课不可能照着教材念，于是，我到图书馆借了几本《证券投资实务》，把里面关于相关图形的文字说明复印了下来。在实训课上，我们老师可以坐在凳子上对着电脑讲课，于是，我一边用鼠标对着电脑中的各种技术图形（下面学生的电脑受我操控，和我电脑中的内容一样），一边对着桌面上的复印材料念图形的涵义……课间，有学生朝我走来，示意向我提问，当时吓得我一身冷汗。后来发现是虚惊一场，因为学生的问题太简单了……

很明显，连股市的技术图形都不敏感甚至排斥，如果我到证券公司上班，可能比到银行工作还要狼狈不堪。因此，不管我这两位朋友在财富方面能够达到怎样的高度，我都只是佩服，却不会动心，更不会盲从。因为他们有他们的优势，我同样有我的优势；他们有他们的人生高度，我同样会达到自己的人生高度，说不定，我还能实现人生的纯度。

另一方面，虽然我不适合在“官场”上“混”，但是我喜欢做管理工作，这两者并不矛盾。应该说，很多人，特别是男人，都想做管理者，这样既可以按照自己的意愿行事，体现人生价值；同时又被下属拥戴，感觉很有成就感。

做博士后研究以后，经常翻看“中国博士后”网页，网页上面常年有各地的招聘活动，如“××省（市）博士后人才与项目引荐会”、“关于举办第五届‘百名博士后××（市）行’活动的通知”等，都是招聘博士后去各地任副县（区）长，或者到企业做副总经理。因为我对管理工作一直很感兴趣，最开始我对这些招聘活动的第一反应是：“去试试看！”但随后一细想，我觉得我并不适合，因为我的个性很难融入那个“圈子”，还是高校适合我。后来，我就不再关注此类消息了。

从这个意义上讲，每个人都有实现不了的梦想，也有永远也得不到的东西。俗语说，命里八尺，难求一丈。所以，不知您注意到没有，本内容的大标

---

① 和本科院校不同，高职院校很多课程有实训任务，以增强学生的感性认识。就《证券投资》而言，我们的实训任务就是在给学生讲解股票的各种技术图形以及炒股技巧的同时，在实训室安装某证券公司的实训软件，给每个学生虚拟资金100万，结合真实的证券行情模拟炒股，虽然资金是虚拟的，但盈亏是真实的。

题是“扬长避短，选择今生您喜爱并适合的职业”，也就是说，找一个理想的职业，不但要喜欢，还要适合，两者缺一不可。每个人都喜欢“发财”，但并不是每个人都适合“发财”。其实升官、发财、做学问等，每一样都需要悟性，不是每个人都适合的，每个人都有每个人的长处，每个人也都有每个人的短处，扬长避短，我们才能走得更远。

2. 一个人最大的悲哀，就是不愿意做自己

我弟弟通过自修完成了专科和本科学业，专业是电算化会计，本科毕业以后一直在成都一家公司做会计。刚开始他很不安分，总想跳槽做销售赚大钱，但在我们看来，他的个性根本就不适合做销售，做会计工作相对而言要更适合他的个性一些。大概在五六年前，弟媳给我打电话，说弟弟准备辞职不干了，一心一意要去做销售，她同样认为我弟弟不适合做销售，希望我劝劝弟弟。于是我给弟弟打电话说：“你想通过销售或者做生意发财，是吧？我也想啊，我做梦都想发财！问题是，我和你一样，根本就没有做销售或者做生意的天赋，你还是老老实实做你的会计吧。当初你专科毕业以后在武汉、在广东做销售跑了两三年，除了生活费，几乎没有赚到钱，你应该吸取这个教训才对啊！”

同样，有些企业主业（比如香精）盈利本来很不错，但老板贪大求全，投资进入自己不熟悉、不敏感、不擅长的酒店、房地产和资本市场，导致资金链全面崩盘断裂，结局令人唏嘘。这和我们的职业是一样的，没有一个人无所不知，无所不能，适合自己的就是最好的。

英国数学家、哲学家、教育家怀特海说：“人类天生是一个适应并局限于一定生存模式的专门化的物种。某个人看见的是整个题目，而另一个人则可能只发现一些独立的例证。”①因此，“弗洛伊德认为，健康的关键便在于自我认识，在于一个人乐于去面对人类存在的不可避免的痛苦与悖谬。”②

正是因为现实生活中很多人不愿意做自己，所以，我们发现，身边的不少同事和朋友都有职业焦虑：抱怨不休、患得患失、为自己的职业前程而焦虑。

---

① [英]怀特海著，徐汝舟译：《教育的目的》，生活·读书·新知三联书店2002年版，第18页。

② [美]H. 加登纳著，兰金仁译：《智能的结构》，光明日报出版社1990年版，第276页。此作者“H. 加登纳”和前述的“霍华德·加德纳”为同一人，只是翻译时中文称呼不同而已。不过现在学界一般称其为“霍华德·加德纳”，本文在正文中统一以“加德纳”而不是以“加登纳”相称。

原因在哪里？应该说，这是一个人为物役的时代，整个社会浮躁不堪，权力中心主义和物质功利主义大行其道，“升官”、“发财”被很多人作为“成功”的标签拼命追逐。权力和财富当然是一个好东西，但实现的途径有很多。可是很多人不管自己适不适合，也不管自己喜不喜欢，一味地盲目跟风，这样的结果可能适得其反，从而导致自我价值迷失，内心痛苦。由于从事的工作不是自己喜欢的或者擅长的，那么他往往不能顺其自然地发展自己的事业，他经常会感到焦虑，内心无法安宁，在这种情况下，他是不可能得到幸福的。

我想，如果一个社会大多数人都习惯随波逐流，功利而浮躁地追求世俗的他人认同，却忘记了建构自我认同，这对整个社会而言是一件比较可悲的事情。

3. 于世俗枷锁之中追寻自己内心的声音

我就没有那种焦躁的心态。

在世俗的眼中，在我的亲朋好友、原省工行的同事甚至现在顺德职院的部分同事看来，我现在的“境遇”是值得“同情”的。因为他们没想到我离开大城市的省级银行岗位以后，会以博士身份到一座小城市的职业技术学院做一名普通老师。①

有老家亲戚专门给我打电话：“宗劲，告诉你一个好消息，我在网上看到一条新闻，说云南省专门针对博士大规模招聘副县长，你去试试，肯定行，他们的联系电话是……”显然，亲戚认为我在顺德职院教书是“埋没”了。

一位博士同学和我电话交流近况，问道：“你现在在你们学校是什么职务？”我很坦然地说：“我没有任何职务啊，就是一个普通老师。”对方只好尴尬地附和道：“做普通老师好！这样单纯，单纯。”

2012年暑假回武汉，在小区院子里碰到我很熟悉的原工行同事的家属（在游泳馆任领导），他是这样招呼我的：“放假了？以后能不能想办法调回武汉的银行呢？”我难以解释，只得附和道：“嗯，正在想办法。”

2013年春节，一天早上在院子里碰到一位熟悉的司机，他对我说：“我觉得你当年走亏了，现在单位工资大幅度上涨，连普通员工年薪都有×万，如果

① 尽管现在中国高等教育已经进入大众化阶段，但“博士”学位在当今社会依然是一种稀缺资源；关于职业技术学院，由于中国几千年的文化传统是重“学”轻“术”，即重学问轻职业技术，世俗的眼光认为职业技术学院“档次”并不高。

你不走的话，你肯定是一个部门领导，收入就更高了。”

更有一次，在厦门大学，我接到一个五六年没有联系的深圳朋友的电话，聊天得知我博士毕业以后从武汉来到了顺德，现在又在厦门大学做博士后，以及博士后出站以后的规划，那位在大学毕业以后一直在深圳过着稳定、舒心而又富足生活的朋友这样表达对我的怜惜：“刘宗劲，我觉得你的生活好坎坷啊！”听到这句话，我也仅仅是会心一笑……

其实，对于名望和财富，我当然也非常喜欢。但是，我内心非常清楚，我既不适合到政府机关做“官”，也不适合在企业做高管，或者说，当官、做高管不是我的志趣所在。当然，要做自己，需要勇气，需要一颗强大的内心。比如我，我知道我的价值在哪里，我没有必要为了讨好这个世界而扭曲自己。这种自我认知，热情而坚定。

事实上，在我们的一生中，他人的期待和自我的理想常常纠缠在一起，自我实现往往需要一种悲剧精神。您也许很难想象当初我博士毕业前求职的艰难：

在读博士期间我发现我对经济学并不感兴趣，倒是对政治学和公共管理学这类学科很感兴趣[①]。于是我求职简历的“应聘岗位”一栏写的都是“政治学与公共管理”，并附上了一封求职信。2006年前后很多高校因为评估的需要大量招聘教师，但我发送了很多求职申请，绝大部分高校没有回音，电话询问得到的答复是：“你本科学的贸易经济，硕士学的会计，博士读的产业经济，你来我们这里做政治学或公共管理研究和教学，没有这方面的基础啊！”倒是有三四所大学向我抛出了橄榄枝，我都前往实地考察过，要么当地经济太落后，要么学校本身让我不满意，直到临近毕业的前一个月，我一直没有找到接收单位，茫然和落魄的心情可想而知。

我去求教本科时的班主任（已升任学校某部门领导），班主任说，他非常喜欢历史，但学的是自己不感兴趣的经济学，从事的工作也与历史没有丝毫关系，至今他仍然对历史怀有浓厚的兴趣。他说：“你为什么要完全凭自己的兴趣找工作呢？就业嘛，没有必要死脑筋往一条路上钻，你如果去各高校经济类专业求职，根本就不会存在找不到工作的问题。这个社会有几个人能够凭自己的兴趣和爱好从事自己喜欢的工作？”他特地告诫我：不要钻牛角尖。班主任

① 如前所述，真正到顺德职院教书以后，因为教育即生活，在工作中发现我们的教育存在很多问题并且对教育学本身兴趣盎然，于是我修正了研究方面，并最终转向了教育学研究。

说得当然没错，因为现实的确如此。

但是，我想，当年我不愿意在湖北省工商银行过“舒适”日子而千辛万苦考研读博，就是想追求心灵的生活，既然走到这一步，我会义无反顾，风雨兼程。有人说，冒险是大家都很向往的事情，但真正跨出这一步需要勇气。我想，在职业的选择问题上，我有足够的勇气。

直到6月中旬，一个偶然的机会，我得知广东省顺德职院经管学院也在招聘教师，我心动了：第一，顺德属经济发达地区，我也一直希望到广东谋职；第二，高职院校培养的是应用型人才，教学中不会涉及到高等数学；第三，高职院校以教学为主，没有固定的专业上的科研压力，我可以心无旁骛地凭自己的兴趣搞研究，这样应该更出色。2007年6月25日——距毕业离校仅差几天时间，这应该是我求职艰难的生动注脚，事实上，我是中南财经政法大学那一届毕业的博士中找工作最困难的，也是唯一一个没有到本科而是到高职院校谋职的博士——我顺利通过了顺德职院的面试。

现在看来，顺德职院对我而言是一个“闭关练功”的好地方，因为我们学校地处偏僻位置，除了教学，我一个人可以整天凭兴趣醉心于自己喜欢和擅长的事情，即看书和写作，这种感觉太棒了！有人说，孤单，是一个人的盛宴，我觉得这句话用来表达我的日常生活状态再贴切不过了。

不可想象，如果当初我进了本科院校做了一名经济类专业老师，郁闷地做着我不感兴趣的经济学研究，为了教学痛苦地钻研数学公式模型，对我来说，生，有何欢？

法国伟大的启蒙思想家、哲学家、教育家、文学家卢梭在《社会契约论》中说：“人生而自由，但却无往不在枷锁之中。”[①]现实生活中，我们有太多的枷锁：物质的、精神的。在这物欲横流的世界，您能否拥有一份宁静的心境？

由此，我又想起了高中阶段对我一生至关重要的文理分科。

从初中开始，我发现我对物理和化学兴趣不大，碰到难度较大的题目我就束手无策，倒是对历史、地理和政治这类课程很感兴趣，加上非常讨厌做物理和化学实验，高一期末文理分科时，我申请转往文科班。

尽管我不擅长物理和化学，但因为勤奋，总成绩一直排在班上前十几名，

---

① [法]让·雅克·卢梭著，何兆武译：《社会契约论》，商务印书馆2003年版，第4页。

作为一所省级重点中学，那个成绩上大学肯定没问题。为了提高班级升学率，高一班主任专门到我家给我父亲做工作，说读文科没用，而且文科不好找工作，希望父亲说服我不要转出理科班。我没有理会班主任的意见，遵从自己的内心感受转往了文科班。

如果当年我听从老师的意见读了理科，高考以后进入理工类院校读书，又无法转换专业，我无法想象，无论是我的大学生活还是毕业以后顺理成章从事的理工类职业，会有多么多么的痛苦！①现在回头看，我无比庆幸当年能够坚持己见转往文科班。一代传奇史蒂夫·乔布斯（Steve Jobs）说："不要被其他人喧嚣的观点掩盖你真正的内心的声音。更重要的是，你要有勇气去追随你的直觉和心灵的指标。"

对于今天的工作和生活状态，我可以用这样几个字来表达：我满心地欢喜。从某种意义上讲，我的华美人生应该从37岁博士毕业时算起，现在对我来说，可以用"含苞待放"来形容。

如果您感叹："你真是太幸运了！你发现并找到了自己喜欢的工作，我不喜欢现在的职业，但我也不知道我适合做什么工作。"如果您说我幸运，我想，这个说法是不准确的。在这里，我想借用张泉灵的一段话对我的既往人生进行解读。央视主播张灵泉毕业于北京大学，有一次我在网上看到她在北大毕业典礼上演讲的一段视频，她是这样告诫师弟师妹的：

"有的人会跟我说，其实这个世界上有多少人会真正从事自己喜欢的职业呢？有多少人会把自己喜欢的事情变成终身的事业呢？你是很幸运的。事实上呢？你在选择你大学专业的时候，你选择的不是你喜欢的，而是你父母喜欢的；你在大学里做选修课和参加各种课外活动的时候，你选择的是学分容易得

---

① 虽然国外早已实行转换专业制度，但国内最早于2002年才开始探索解决大学生专业转换问题。据《北京晨报》2002年9月13日报道，那一年新学期伊始，复旦大学率先在全国实行转系（转专业）制度改革，244名学生因此如愿。但直到2013年，国内只有部分院校有条件地允许部分学生转专业，不少学生受考分、专业成绩、名额、时间等种种限制，很难如愿以偿，非常痛苦，现实就提供了冰冷的案例。据《楚天都市报》2012年8月10日报道，湖北一女生2009年参加高考后被国内某著名大学调剂进入哲学专业，但她并不喜欢哲学专业，多次向校方交涉转专业未果，两年以后选择了退学并重新参加高考；2011年，另一男生被武汉某大学并不喜欢的非织造材料与工程专业录取，他也试图转入心仪的服装设计与工程专业，同样最终未果，感觉"走投无路"的他，以自残的方式用菜刀向自己的右臂划了22刀。该校教务处一名工作人员称，如果该生一定要转专业，只能通过留级或转校实现。这意味着，他要么荒废一年青春，要么转往武汉市外设有此专业的二本高校。

的，或者更容易得证书的而不是你喜欢的；你挑选你的岗位时不是你喜欢的，而是看起来更有前途或挣钱多的，那你从来没有在乎过你喜欢的，为什么，凭什么你最后会做到那个你喜欢的职业并且成为终身的事业呢？凭什么？你又凭什么要求过上自己想要的生活？”

当时看到这段视频，我禁不住泪流满面……

而且，如果选择一项适合自己心性的职业，您的身心将健康发展，人格将更加完善。

比如，现在我教书、做学问、社会服务都没问题，我就完全没有必要去逢迎钻营，我活得舒坦自由。正因如此，曾经有一位毕业生发来短信感叹：“好怀念老师课堂上那与世无争的灿烂笑容！”我想，走自己的路，不随俗浮沉，“与世无争”，任何人都可以过上灿烂的生活。

相反，如果我继续留在银行，由于对数字不敏感，缺乏悟性，业务不娴熟当然更谈不上精通，但在世俗生活的浸染下我又渴求“发达”，那么我一定会想尽各种办法，比如通过给相关领导行贿、吹牛拍马等方式，谋求职位的上升，这样一来，品格自然就降低了。

4. 我们不但要选择健康的职业，还要选择健康的岗位

工作中，我们发现，有些人做部门经理做得得心应手，人嘛，总是希望上进的，于是，他拼命向上“爬”，但真到了上一层次时他发现，他根本就不适合，无所适从。表面上看，他进步了，但这反倒成了他痛苦的根源。

我就曾经碰到过这种人。省工行曾经有一同事，运筹学（高等数学）专业出身，对数字很敏感，作为资金部门的经理，其资金交易总是做得很漂亮，为单位创造了不少利润。他很想做“官”，后来通过各种办法，最终如愿以偿到另一个部门任处长。然而，这个人情商很低，平时和他沟通很困难，好多同事私下评价说他脑袋少一根筋。有一次（北京）中国工商银行总行下发了一个文件，要求各省级分行讨论后上交应对方案。省分行行长遂召集各部门处长开会。由于时间紧，部门又多，行长要求限时发言，每个处长发言限时15分钟。那位仁兄不顾规则讲了半个小时也没有讲出一个所以然来。一位副行长忍不住当众质问他：“你啰嗦了半个小时到底想说明什么？这个文件你看明白了吗？”搞得那位老兄一时语塞狼狈不堪。尽管他是一个“官”，但很多人内心看不起他——当然，他也压根儿意识不到这一点，因为他缺乏自我认知。但我相信，每当与他人沟通困难或者受到他人责难时他内心肯定很痛苦。既然这样，为什么非要奋不顾身去做“官”呢？所以，管理大师彼得说：“当一位员工晋升到他不能胜任的阶层时，没有什么事情比这种成功更失败的了。”①

不知道您发现没有，有些人天生就是一个部门经理或者员工的“命”，您看他平时照顾上司，为领导“护驾”真是一把好手，深得领导欢心，但如果领导有心提拔他，他可能还真没有那个能耐。

因此，我们应该把拿破仑的那句名言“不想当元帅的士兵不是好士兵”改成“不想当元帅的士兵未必不是好士兵”。也就是说，也许，您没有当将军的“命”——努力了，也做不了将军，但您仍然可以做一个出色的、有梦想的“士兵”。即使无法抵达人生的巅峰，但也能走出一道属于自己的风景。这样的人生同样是无悔、自豪而且值得骄傲的。

在网上看到一组漫画，算是对“不想当元帅的士兵未必不是好士兵”的生动注解。漫画上写了这样几行文字：“人的一生，就像在跷跷板上行走，总是得从低的那一头开始往高处走，每走一步，下一步就变得更加困难。越往高处走时，便越难找到平衡。当你以为自己越来越高时，其实你已经开始走下坡了。终于有一天，你找到了，原来只有找到人生的平衡点时就是最高处。”

平衡的最高原则是什么？放弃。

因此，要专注自己的所长。如果您精通自己的业务，整个世界都会为您喝彩。比如前述那位老兄，他是资金交易方面的高手，如果不去做官，一心一意做资金交易，这种技术专长很容易衍生出业内权威，从而出类拔萃实现人生价值。

在我们一生的工作中，到底是走管理线，还是专业线？每个人应该扬长避短，选择适合自己的职位路径。

5. 发挥核心优势，展露美好人性

如果一个人在激情燃烧的岁月中能够尽早选择自己喜爱并适合的职业，通向成功的路程将大大缩短。遗憾的是，事情并不总是这样顺利，更多的人对自己的能力一无所知，对如何发现自己的能力也一无所知，所以，他们寻找理想的职业就花费了相当长的时间。

我弟媳在成都开了一家推拿按摩馆，2007年我曾经去过一次，生意不错。周末的时候，有时弟媳一个人忙不过来，我弟弟也就学着给客人做推拿按摩，

① 李希贵：《学生第二》，华东师范大学出版社2006年版，第140页。

尽管我弟弟完全没有学过医科，但他对穴位的把握和推拿的领悟能力很强，现在也成了一个推拿好手。后来弟弟对我说，他渐渐发现，他对推拿等中医很感兴趣，要是当年能够读医科的话，那人生的境况肯定就不一样了……

一个人的成功，往往需要很多因素，而事实上您只需要具备其中的关键性因素的能力就可能获得成功。就我而言，在准备《沟通与情商》教案以及给学生讲课的过程中，我发现，我善于琢磨生活，善于探索心灵，善于将世俗的生活融于情商的理解和沟通的智慧之中，并且浑然天成，我慢慢发现，这是我与生俱来的禀赋和优势。用一句流行的话来说，这是我的核心优势。

而那些非关键因素的能力，并不会影响自己的成功和人生幸福。还是就我而言，不管我动手能力多么差，数字领悟能力多么低，在领导面前多么木讷，这又何妨呢？丝毫不会——是的，丝毫不会——影响我的美好前程和人生幸福。

据《南方周末》2007年10月18日报道，2007年度诺贝尔文学奖获得者、英国女小说家多丽丝·莱辛（Doris lessing）在接受记者采访时说了这样一句话："除了写作，我还能做什么？"

显然，这不是矫情。因为几乎所有的成功者，都是优点和缺点非常突出的人，发挥自己的优势，才是成功的关键。其实，每个人都有缺点，都有优点，但人的一生时间和精力有限，不应把一生的重点放在不断改进自己的缺点方面，以把自己培养成"完人"，因为完人常常也可能是庸人。[①]

（四）在阅历中不断检视自己

选择自己喜爱并适合的职业（岗位），需要生活阅历基础之上的心理修炼。

至少最初两三年，作为一名普通的银行会计员工，每天做一些简单机械的会计工作，我感觉太好了：不但工作轻松，收入还相对不错。加上那个年代银行员工备受尊宠，经常有公司财务人员给我们送礼物，请我们吃喝，这对从小生活在农村的我而言，非常知足而且幸福。但随着生活不断向前推进，我慢慢发现这不是我真正想要的生活。这其中，阅历和感悟起了至关重要的作用。一般来说，"知识只能在人的心灵表面着色，而经验则能够把人的整个心灵染透，从而转化为能力和素质的提高。"[②]如果不离开工行到高校教书，我这一

---

① 罗西：《宁做水桶不做饭桶》，《新民晚报》2012年7月24日。

② 董耀会：《成功悖论》，中国经济出版社2004年版，第47页。

辈子都不会认识到我的潜能和天赋。

您希望幸福吗？那么，请增加您阅历的倍数。一位哲人说过：假如一个人能够倒着活，从80岁活回来，那么大多数人都很可能成为一个伟人。所以，从某种意义上来说，人永远都不会老，老去的只是容颜，时间会让一个灵魂，变得越来越动人。

在这里，需要交代一下我在顺德职院开设“沟通与情商”课程的背景。这门课肇始于2008年，那年上半年我所在专业在制定教学计划时，我完全凭直觉和兴趣，朦朦胧胧地认为我可以开一门“沟通与情商”（36个学时）课，他们采纳了我的意见，当时压根儿没想到，这门课将会改变我的人生（后文有述）。从第一次上这门课开始，我就没有使用任何教材，全凭自己的理解进行阐释。随着开设这门课的班级日渐增多，从2009年以来我每学期针对不同的班级只上这一门课。至2013年末，这门课程我已经讲解了41遍。在不断温习、不断思考和不断推敲之下，目前对于沟通和情商的理解、阐释自成体系，内容成熟，深受学生欢迎。

现在回想起来，那时候省工行为什么不少人认为我被埋没了呢？因为我虽然对银行业务不熟悉不敏感，但在同事面前，在朋友面前，我热情阳光，非常善于将所见所闻融会贯通，大到人生哲理，小到生活趣事，信手拈来。正是因为具有这种容易感染他人的宝贵品质，所以，一位叫刘红生的同事曾经称我为国际业务部的“教父”（当时国际业务部有七八十人，大多数是年轻的大学毕业生）。从我的日常谈吐中，他们能从我身上充分感知我的独特优势：思维清晰、张弛有度、生活有激情、做事有分寸，因此，他们模糊地认为我是一个“人才”。

那么，在工作中，您是不是也被同事认为埋没了呢？您留意过您的天性没有？所以，在日常生活中，您在尽最大努力做好自己的本职工作的同时，可以从自己的好奇、直觉、兴趣和激情中发现一点线索，留意自己从灵魂深处涌现出来的那种兴奋的感觉，要抓住每一个珍贵的机会沿着内心所召唤的方向不断前进。

教育经历对感悟自己喜欢和适合的职业同样具有意义。我在前面说过，多读书，这会增加我们选择可能职业的意识。如果我不上研究生，就难以开阔视野并发现我的兴趣和潜能，更难以实现我的人生抱负。从这种意义上讲，教育在很大程度上成就了我——当然，我艰难而曲折的自我认知同时表明，我们的教育还存在很多问题。

教育除了增进我们选择幸福生活的权利以外，它也有负面意义，这就涉及到了教育经历对人的职业选择的两面性：由于长期的应试教育，使得很多高学历者在择业过程中过于谨慎，总是瞻前顾后，于是机会就在这繁琐的决定过程中消失了。又由于教育让我们思考得太多，而忘记了如何去感受，导致我们内心变得麻木，所以少有大的成就。而那些学历低的人，往往更容易相信自己的感觉，而且在将感觉转变为行动的过程中，果断而坚决，这样他们成功的几率反而会更大。

总之，人应该在经验和教训中不断检视自己，反思自己究竟适合干什么，不适合干什么，在反省中校正自己的方向。

古希腊哲学家苏格拉底有句名言，这也是苏格拉底有关哲学生活的核心观点，那就是“一个未经省察的生活是不值得人过的生活”[①]。苏格拉底认为并不存在一个固定的“好的生活”，好的生活是一个省察的过程。如果不对生活进行反思，就不可能认清我们自己在这个世界上应该扮演的角色，这就意味着拒绝接受自己应该肩负的担当、拒绝接受自己可以享受的荣光，从根本上讲，这就意味着拒绝自己。

那么，怎样寻找适合自己的职业呢？有两种途径：

第一，自省，即通过生活阅历了解自己、反省自己，这是最重要的一种自我认识途径，而且他人无法替代，因为自己身上的很多隐形特质难以被他人观察到。

第二，通过别人对自己的评价来认识自己，即同事、朋友和家人的提醒。很多时候，我们不会因为别人的看法而改变自己，但是，我们可以根据别人的看法调整自己。比如，您在做销售工作，但好些人都认为您不太适合做销售，倒挺适合做老师。如果您认为“教师”这个职业准入门槛太高，自己不可能进去，或者认为“教师”这个职业并不真正适合自己，那您也应该认真思考一下未来的职业去向。

（五）在理想与现实的平衡中做你自己

下面，我们来小结一下，在“扬长避短，选择今生您喜爱并适合的职业”

① [古希腊]柏拉图著，吴飞译/疏：《苏格拉底的申辩》，华夏出版社2007年版，第131页。

这一部分内容中，我们从一封大学毕业生的来信作为引子，谈了三个问题：工作的乐趣就是生活的乐趣、朝自己的天性发展、在阅历中不断检视自己。

很多人总是习惯于将自己和别人比：“我能像他那样该多好啊！”“你瞧人家！”您不要老和别人比，每个人都有他的路，每条路都是正确的。很多人的不幸就在于他们不想走自己那条路，总想走别人的路。

其实，您完全没有必要眷恋那道对您已经关上的门，您也许没有意识到，您看不见的另一道门早就为您打开了。与其在别人的生活里跑龙套，不如精彩地做自己。

更何况，当初您来到这个世界上，上帝已经把每个人的命运安排好了，您只需要做一件事就可以了，那就是：To be yourself！（做你自己！）成为你自己之后，您会发现一个纯洁美好的世界。

因此，不要羡慕别人，学着做自己，在阳光下灿烂，在风雨中奔跑，展示自己独有的个性和魅力。

事实上，在这个世界上，总有那么一些人，比如，Mr.刘宗劲，他们能够按照自己的意愿活出最真的自我，他们总是在不断尝试和奋进，并且浑身洋溢着激情，散发着活力。

一个人，要想获得成功、获得幸福，首先要获得自由，这里的自由是指心灵的自由。只有心灵自由，才会自尊、自信和自立。心灵的自由有助于最大限度地发挥我们的潜能，有助于展现我们的自然之美，这既是生命的灵动，也是高情商的表现。

我们应该坚信这样一句话：人人有才，人无全才，扬长避短，人人成才。

前面提到，对大多数人而言，发现自己的潜能和兴趣需要时间，需要阅历。而人，首先要生存，只有在养活自己的前提下，才能求发展，才能思索并追逐自己的梦想。因此，在做您喜欢的事前，可能要做很多您不喜欢做的事。

因此，瑞士心理学家荣格说：“你生命的前半辈子或许属于别人，活在别人的认为里。那么请把后半辈子还给你自己，去追随你内在的声音。”

显然，“成为你自己”并不意味着个体就可以为所欲为。那么，怎样确定一个职业是否适合自己呢？学者周国平认为应该符合三个条件：第一，有强烈的兴趣，甚至到了不给钱也一定要干的程度；第二，有明晰的意义感，确信自己的生命价值借此得到了实现；第三，能够靠它养活自己。

所以，真正成为自己并不是一件容易的事情。因为现实永远是复杂而残酷的。每个人当然有选择的权利，但很多时候，我们的选择并不多，或者根本就没有选择。

那么，在现有的体制和条件下，怎样活得更好？

您可以为了生存从事自己完全不喜欢的工作，自暴自弃从而最终被人抛弃；您还可以在这个不喜欢的工作中塑造使命感，勤奋敬业，等待合适的时机成功转型；当然，您也可以放弃现在这个让您厌倦的工作，从头再来，进入您喜欢的领域，就如我当初离开银行一样。

是做命运的奴隶还是自己的主人，完全依靠您的人生态度。

您看过奥斯卡获奖影片《燃情岁月》（*Legends of the fall*）没有？在影片的开头，有这样一句话：一个人如果遵照他的内心去生活，他要么成为一个疯子，要么成为一个传奇。

怎么理解？“疯子”和“传奇”是两个极端，既然是极端，那么，我也只能举两个极端的例子进行解读，也正因为是“极端”的例子，所以，下面这个“疯子”的案例可能给您带来不适，但它确实能够说明问题。

比如，一个女人结婚后与公公婆婆住一起。婚后发现她的老公有很多她不能接受的缺点，倒是很欣赏公公的个性和魅力。一来二往之后，两人相恋，她和老公离婚，公公和婆婆离婚，她和大她三十多岁的公公结婚。前公公，即现在的老公发誓要用余生好好爱她。从纯粹的男女情感上讲，他们并没有错，都想过自己内心的生活，但是，这无疑违背了世俗的伦理道德，这就是所谓的“疯子”。

相反，如果一个新闻专业的大学生毕业后发现对新闻工作毫无兴趣，结婚以后倒是对妻子所从事的汽车制造工作相当痴迷，于是业余时间刻苦钻研，阅读了大量的汽车制造相关书籍，并改行投入汽车制造业，由于他对汽车制造超强的兴趣、领悟力以及执著的努力，那么，尽管他曾经的新闻专业与现在的汽车制造业风马牛不相及，但他完全可能成为汽车制造方面的顶尖人才，并铸就一个传奇。

因此，每个人应该在理想与现实的冲突中把握好平衡。

四、认识你自己是人类贯穿古今的一个哲学命题

对情商的第一点“认识你自己”这部分内容，我分三个方面进行了阐释：第一，重新观照您自身；第二，认识我们的潜能；第三，扬长避短，选择今生您喜爱并适合的职业。

一般而言，情商不高的人对自己的素质、潜能、特长、缺陷、经验等没有一个清醒的认识，对自己在社会中可能扮演的角色没有一个明确的定位，因而感到痛苦。相反，高情商的人通常对自己的长处和短处都很了解，能够扬长避短，所以人生幸福。

认识自己是开发情商的第一步，是实现人生价值的序幕，认识了自我，您就成功了一半。因此，霍华德·加德纳认为，自我认知智能是替代和统辖其他比较世俗与偏颇的智能的最高智能，如果一个人自我认知智能发达，即能够清醒地认识自己，那么，他往往会以人类最高成就的形式而凸显于世。①

在我们的一生之中，我们会经常性地陷入自我认同的危机之中：我是谁？我从哪里来？我要到哪里去？“认识你自己”，这是一个贯穿古今的哲学命题。对这个问题的探索，铸就了独具特色的古希腊文明的辉煌。

在古希腊北部有一个名为德尔菲（Delphi）的小镇，小镇上有一个象征“智慧”的阿波罗神庙，神庙的墙壁上有一句箴言“认识你自己”(Know Thyself)。卢梭曾以“领悟人类的使命”为题，告诫人们：“我觉得人类的各种知识中最有用而又最不完备的，就是关于‘人’的知识。我敢说，德尔菲城神庙里唯一碑铭上的那句箴言的意义，比伦理学家们的一切巨著都更为重要、更为深奥。”②

古希腊哲学家苏格拉底，正是他把德尔菲庙上的神谕纳入自己的哲学思想，从而造就了西方哲学进程中的一个重大转折。

人的自我认识绝不只是一种理智上的好奇，它的深层意义在于促使人更好地发展自己、完善自己。因为在我们整个的一生之中，我们可以不断地认知天

① [美]H·加登纳著，兰金仁译：《智能的结构》，光明日报出版社1990年版，第281页。
② 李瑜青：《卢梭经典文存》，上海大学出版社2007年版，第125页。

地万物，但唯独难以认清我们自己。对自我认识的完善和美好生活的追求是我们每个人永不泯灭的梦想，但是毫无疑问，其过程艰难而苦涩。

在认识你自己的时候，您不但是认识的对象，同时也是认识者，这种状况不仅决定了一个人永远不可能完全正确而充分地认识自己，而且还有永远认识不到的死角。

还有，认识你自己的同时就意味着要改变你自己。所以，认识你自己不仅是一件很困难的事情，而且也是一件很残酷的事情，因为人性的弱点会导致很多人缺乏面对自我负面因素的勇气。但是，在艰难而迷茫的自我建构过程中，您也一定会同时享受突破和成长的喜悦。

因此，要实现自我超越，要实现人生蜕变，需要一颗坚强的心，需要坦然面对自己的不足，只有这样，才能一步一步通往心灵的方向。

在我看来，女人在35岁之前，男人在45岁之前，应该认真思考这个问题，以不枉在这个世界上走一遭。因为女人在35岁以后，男人在45岁以后一般就很难改变了，除非您有超凡的勇气、超凡的毅力和超凡的梦想。

当然，我这里所说的年龄界限仅限于按兴趣爱好转换职业。如果不涉及职业转换，那就没有年龄限制了。即使年老，您仍然来得及过您内心的生活。

湖北省工商银行国际业务部有一位我很敬重的大姐，目前已临近退休年龄。2013年春节期间她告诉我，她一直以来都知道自己有一些艺术天赋，比如唱歌、跳舞、画画，但在现实的工作环境中潜能得不到开发，人生价值得不到体现。这些年来，她一直在寻找后半生可以为之奋斗的梦想。2011年10月的某一天，她终于鼓足勇气跨进了一位美术老师的家门，经过一年多的业余学习，老师认为她有绘画天赋，可以充分展示自己的一技之长……

再比如，美国畅销书作家哈列特·杜尔（Harriett Doer）晚年才开始追求自己的爱好。她65岁时才回到大学，并拿到了历史学学位，73岁时她出版了自己的首部小说《伊巴拉的石头》（*Stones for Ibarra*），此书获得了美国国家图书奖（The National Book Award）。①

既然认识你自己很难，而生活终究是现实的。因此，有时我们可以选择妥协一步，这样也能增强我们的幸福感受。

---

①[美]肯·罗宾逊、卢·阿罗尼卡著，申志兵译：《让天赋自由》，中信出版社2010年版，第216页。

比如，就选择自己喜欢的职业而言，如果您确实无法从事自己喜欢的工作，那么，退后一步，您不妨培养一个与自己的内心兴趣相关的爱好——显然，这种爱好不是看电视、打麻将、打游戏等打发时光的休闲方式，而应该是徒步、养花、写作、做手工艺品等与自己的心性相关的爱好。即使每周花几个小时做做自己喜欢的事情，也会让您对自己谋生的职业更有耐心，从而给您的人生带来平衡、充实、健康和快乐。

“我是谁？”这是人类对自身的千古追问。这种追问是对我们自身生命的追问，需要我们在叩问心灵的同时感悟人生，在回顾过往的同时展望未来。

“人的存在之谜不在于他现在是什么，而在于他能够成为什么。”[①]因此，这个世界上最遥远的距离，不是生与死之间的距离，而是一个人肉体到灵魂之间的距离。

①［美］A．J．赫舍尔著，隗仁莲译：《人是谁》，贵州人民出版社1994年版，第36页。

第三章

妥善管理自己的情绪

俗话说：花有五颜六色，人有七情六欲。人的情绪有数百种，情绪的微妙，文字实在难以表述，因为它与复杂的人性相关。

比如，有的人总是面带微笑、有的人待人热情、有的人做事很低调、有的人总是喜欢信口开河、有的人说话喜欢直来直去、有的人遇事爱激动等等，这些情绪体验既包括积极的情绪体验，也包括消极的情绪体验。现代心理学一般把情绪分为快乐、悲哀、愤怒、恐惧四种基本形式。

生活和工作中，您能否控制自己的不良情绪？您能否适度展现您的喜乐哀伤？您能否推迟满足感，从而不让自己成为情绪的奴隶？这些都是判断一个人情商高低的标志。

一、控制自己的不良情绪

生活中，我们会遭遇很多不良的情绪，导致有时候我们遇事不管青红皂白容易发怒。

我们专业所在办公室内有一个盆景，盆景里面有一棵1米多高的橡胶树。六月份的一天上午，我们走进办公室时，一股臭气扑面而来。老师们认为很可能是每天来做卫生的阿姨刚才用拖厕所的拖把拖了我们房间。一位老师受不了那个味道，怒气冲冲地跑到其他专业办公室找到那位阿姨并大气训斥：“你刚才为什么用拖厕所的拖把拖我们的房间？快把我们熏死了！”那位阿姨委屈地说：“不是啊，是你们哪位老师昨天把没有喝完的白色乳品饮料用来浇盆景以后，乳品饮料就顺着土壤和盆底的小洞流到了地上，现在夏天天气热，所以昨天的乳品饮料就产生了很大的馊臭味，我刚才做卫生时本想把流到地上的乳品饮料拖干净，没想到馊臭味就顺着我的拖把搞得满屋都是，我反复拖了三遍都没有用。不信你回去看盆景的土壤，上面还有残存的白色乳品饮料。”老师回到办公室一看，果然如此。

这个事情给我们的反面启示是：好心情、好脾气是一种良好的教养。

当然，每个人都有愤怒的权利，愤怒在某种意义上是自我肯定，所以，有些愤怒的宣泄是恰当的。

但是，绝大部分愤怒都是在不良情绪的影响下发生的，是不恰当的，因为愤怒在很大程度上导致消极。任何一个人，当他在怒目圆睁、高声喝骂的时候，无论如何，他都是失态的。

换一种方式，比如，您家小孩满周岁前后在家里玩玩具时开始喜欢摔东西，楼下的邻居不知道是小孩顽皮，不明白你们家为什么总是摔摔打打，这让他们有时很烦躁。终于有一天，他怒气冲冲地跑上来大声敲门质问：“你们家为什么成天搞得啪啪响，能不能考虑一下我们的感受？”

被人指责，您肯定不舒服，因为觉得自己也很无辜，但是，您没有怒目相向，毕竟小孩的顽皮影响了人家，于是您微笑着不停地向他道歉：“实在对不起，我们家小孩一岁了，现在玩玩具时特别喜欢摔东西，我们也没有办法。给你们带来了不便，实在对不起！”这样做的效果应该是很明显的，对方的怨气会马上消失，同时也会为自己的失态感到不安。

您的这种表达方式展示了什么？教养。什么是教养？教养就是一个人的性情经过文化的熏陶和世事的锤炼以后所形成的第二天性。人的优雅关键就在于控制自己的情绪。要学会控制自己的不良情绪，做一个有修养的人。

网人有个段子说，岳不群得到了《辟邪剑谱》，心中万分高兴，打开第一页，赫然写着：“欲练此功，必先自宫”，为了修炼此功，岳不群不得不忍痛割“爱”，他在巨痛中疼得晕了过去，当他醒来，欣然翻开第二页，他看到后气得吐血，因为第二页写着“就算自宫，未必成功”，他忍住疼痛与心痛，骤然翻开第三页更加生气，原来第三页上写着：“不必自宫，也能成功”。

那么着急干什么？我们要学会等待。很多时候，“缓”也是一种生活智慧。

要控制自己的不良情绪，我们可以试着采用以下几个方法：

第一，闭上眼睛从1数到10。因为愤怒的持续时间一般不会超过6—10秒。这种方法容易平息怒火，能解决不少看似无法解决的问题。

第二，经常锻炼身体。心理学家发现，锻炼也是平衡情绪的一种很好的方法。如果您发现自己易怒、沮丧或者被其他不良情绪淹没，您可以尝试到户外进行有规律的运动练习。运动可以有效减轻心理的压力，全身放松，从而带来快乐。如果您没有时间到户外活动，即使走到窗前眺望一下青草绿树，对您的心情也是有所裨益的。

第三，保持充足的睡眠。睡眠不足对人的情绪影响极大，因为睡眠时间短，醒来之后容易感到烦躁、疲惫、头脑昏昏欲睡，那些令人烦心的事情就很容易乘虚而入，从而左右我们的情绪。睡眠充足以后心情会很舒畅，我们看待事物的方式也会更加乐观。

第四，健康饮食。情绪波动也常常与我们吃的东西有关，因为食物是酿制性情的酵母。人类大脑活动的所有能量都来自于我们所吃的食物，心理学家发现，各种碳水化合物能增加大脑血液中复合胺的含量，而该物质被认为是一种人体自然产生的镇静剂。各种水果、稻米、杂粮都富含碳水化合物。

二、适度展现您的喜乐哀伤

在我们的工作中，司空见惯的场景是：许多管理者走出办公室时，魅力十足。可一回到办公室，对员工的态度就来了一个一百八十度的大转弯。您认同这种做法吗？

在这里，很有必要谈谈我们组织中的管理文化，因为它深刻地影响着一个团队的绩效以及团队成员的心情和工作效率。或者说，几乎影响到我们生活中的每一个人。

早些年，因为要做一个项目，我进入了一个团队工作。团队负责人是我所在的组织中公认的业务能力很强的人，但他最大的特点在于他“引人注目地”缺乏魅力，没有人喜欢他，也没有人愿意跟他亲近，或者说，他压根儿就没有朋友。通过以下我和他的交往感受描述，相信您会明白其中的原因。

团队负责人除了在上级领导以及大众会议场合会露出难得的笑容以外，平时碰到下属以及在团队内部开会时，他总是以一张苦瓜脸示众，非常严肃。我们平时给他发送电子邮件，他多半是用三言两语打发，即使是这仅有的三言两语的回复，很多时候也是挑毛病。

在这种氛围下，除了少数内心不敏感或者善于曲意逢迎的成员，大多数成员不敢在他面前随意表达自己的想法，更没有人敢随意开玩笑。很多时候，我们只能像小媳妇一样小心翼翼地猜测他的心思。

既然是一起做项目，很多时候我不得不给他发送邮件以汇报进展，但每次给他发完邮件之后再次打开邮箱看到“未读邮件”时总是莫名的紧张：既希望是他的回复又不希望是他的回复。希望是他的回复，是因为想了解他对我本阶段工作的评价，否则我无法开展下一阶段的工作；不希望是他的回复，则是因为害怕他否定甚至抨击我的努力和工作。

而且，每次只要收到他亲自发的短信或者其助理发送的团队开会通知，我内心总会一阵紧张，开会时总是盼望早点结束，因为那种场景实在是太压抑了。

最能说明问题的是，有一次，我从外面跑步锻炼身体回来，妻子对我说：“老公，告诉你一个惊恐万分的消息：××刚才给你打电话了，我没敢接。”为什么妻子用“惊恐万分”来形容那位团队负责人的来电？因为我平时给妻子讲过很多那位团队负责人的处事方式，她知道他做事从来都不会按理出牌。

因此，每次开会，除非被点名，我绝对不会主动发言表达我的意见，我害怕我的意见不符合他的想法导致在团队成员面前被批评和指责。以至于有一次我们团队聚会吃饭，团队负责人走了以后，一位刚来不久的团队新成员对我说：“刘宗劲，我觉得你性格好内向啊！”——我吃惊地苦笑了一下。我没想到，我居然会给人留下这种在正常场合截然不同的印象。

原因其实很简单：紧张产生压力，而人在压力下往往又变得低沉、愚蠢。我相信很多人在学车的时候都有类似感受。因为驾校里有些教练喜欢随意责骂学员，使得学员在教练面前练车时总是紧张并手忙脚乱，这样反而影响水平发挥。

特里萨·阿玛布勒（Teresa Amabile）在其《哈佛商业评论》上的文章《枪口下的创造力》（*Creativity Under the Gun*），破除了以往“必须是有压力的工作才能带来出色结果”的传统理论，他指出：“压力下的思路通常创造力水平都是比较低的。”[①]

当然，压制性工作在一定程度上有效，但最佳效果是当员工的内部动机即他的自我表现、自我决策和个人价值被开发出来的时候。[②]

我们成员在背里地对团队负责人发泄不满时都一致认为，他不但工作很累，而且生活肯定不幸福，因为他太把自己当一回事了，在公众场合他就像一个永不卸妆的演员一样，刻意压制自己的本性，不能尽情而自然地生活。这也是职位高的人往往没有普通百姓幸福的原因之一。因为芸芸“普通人”最能真实地表达自己的喜怒哀乐，而这，往往让人快乐而且幸福。

这样的团队，因为无法“共鸣”，也就不可能释放团队成员的最强能量，也难以产生高涨的工作热情，整个团队也就无法达到最佳的工作状态。领导力的关键在于引发情感共鸣，因此，对于一个管理者而言，适度展现其喜乐哀伤尤其重要。

那段不短的时光是我人生中艰难的岁月之一。尽管如此，完成任务离开那个团队之后，我又很感激那段经历，因为团队负责人的为人处世方式丰富了我对人生的认知。

仔细观察，我们发现，那位团队负责人的表现在我们的工作中具有一定的代表性：有些人在做普通员工的时候，他会像正常人一样，在工作和生活中和他人说说笑笑。但是，在做了管理者，特别是有些中层干部晋升到了所谓的“高层”以后，他在下属面前开始面无表情、不苟言笑，他不再轻易表达自己的想法和感情，对所有下属都摆出一副冷冰冰的架势，好像人家欠了他几百两银子一样。因为他认为自己水平很高，不再是“普通人”了，所以希望属下去揣摩他的心事和言外之意，以显示自己的“身份”，体现自己的“权威”，彰显自己的“影响力”。其实这是低情商的标志和表现。

他这样做，本意是希望借此得到下属的重视，但结果适得其反。因为他那深沉严峻的脸孔和少言寡语的表达让人畏如虎豹，下属对他真正的认同很少。没有人愿意帮助那些整天皱着眉头、愁容满面、故作深沉的人，更不会信任他们。更多时候，他们还会招来下属背后的责骂——因为他们已经没有“人”味

① [以]泰勒·本·沙哈尔著，汪冰、刘骏杰译：《幸福的方法》，当代中国出版社2009年版，第161—162页。

② [美]雷斯·吉卜林著，邱宏译：《人性的力量》，中国发展出版社2009年版，第29页。

了。所以，有人说，智者满脸微笑，愚者冷若冰霜。

当然，对于一个管理者而言，该威还是得威，但前提是影响力，只有影响力才能得人心。

靠什么造就影响力？魅力。什么是魅力？在生活和工作中展露正常的、阳光的人性就是魅力，友善就是魅力，赞美就是魅力，微笑就是魅力，真诚就是魅力，神采飞扬就是魅力，让人亲近就是魅力……

总之，能够打动人内心的就是魅力。一个生活中有魅力的人才会成为一个有魅力的领导者，平庸者无论身居何处都会平庸。

下面，我们通过一则报道对此作进一步的解读。据新华社消息，2009年11月23日，中国著名翻译家、《红楼梦》英译本作者、外国文学研究专家、诗人杨宪益在北京逝世，享年95岁。小侯是搞音乐的，二十多年前从台湾来大陆，偶然认识了杨宪益，1983年，一位在北京留学的澳大利亚学生把小侯带到了杨家，从此，小侯就经常去和杨宪益聊天，有时还赖在那里直到深更半夜也不肯走。他们相差41岁，成了无话不谈的“忘年交”。为此，《南方周末》采写了由小侯口述的杨宪益轶闻趣事。[①]文中谈到：

宪益是中国那种少数的特别可爱的老头，老知识分子，世界观也很豁达。

2006年，我回北京去看他，中间我们有16年没怎么见面，杨老的第一句话就问我：

“小侯，你现在还泡妞吗？”

他对我的印象就是泡妞。

我说：“还泡。”

他说：“那就好。”

看到这里，相信您会由衷展现您迷人的微笑。这就是杨宪益的魅力，因为在聊天中他展露了正常的、阳光的人性。所以，在工作中，我们完全没有必要高高在上、道貌岸然。大家不都是一个普通人么？

两三年前的一个寒假，在武汉我和一位姓邹的博士同学见面叙聊，她问我

---

① 小侯口述，平客采访撰稿：《“我的追悼会得早点开”——杨宪益二三事》，《南方周末》2009年12月3日。

在顺德职院给学生上什么课，我说《沟通与情商》。她说这种课不好讲，问我怎么讲。我说，我在讲沟通和情商时，呈现了我生活中的大量案例。作为正常人性的真实表达，案例中除了涉及我的优点比如纯朴、善良、宽容、耐心、热情等以外，同时也涉及到了我的弱点和窘境比如自私、虚荣、小心眼、狼狈等等，她很吃惊我居然在学生面前讲我的弱点。我说，难道，我这个人不自私、不虚荣、不小心眼吗？

我相信，我讲这些的时候，没有学生会认为我这个老师道德败坏。大家听了以后不但会会心一笑，反而觉得这位老师不错：真实，说人话。因为人是有弱点的，既有私心也有杂念，谁在本性上没有自私、虚荣、小心眼等弱点呢？

因此，作为一个长辈，作为一个管理者，作为一个老师，不能太“成熟”，不能太世故。

比如，公司举办联欢晚会，在游戏环节，主持人要求您表演一个类似“耀武扬威”的滑稽动作。如果您是一位领导，千万不要担心“这不太好吧，这会损害我在下属中的形象”而不配合主持人的要求。相反，如果您卖力而夸张地表演，这反而会充分展现您的亲和力从而赢得下属的好感。毕竟，人，都有“丑陋”的一面，这种喜剧效果会让您自己和大家更加开怀。

记住，请在内心深处，哪怕只是在一个很小的角落里，保持一颗童心，这不是幼稚，有时候简单一点、单纯一点会让您快乐，并大大拉近与他人的距离。

虽然，我们会一天天慢慢老去，但岁月永远年轻。如果您能够不总是那么世故，您会发现，童心未泯，这是一件多么值得骄傲、多么让人幸福的事情！

美国作家琼·安德森说，我们用前半生努力让自己变成一个成年人，后半生则应该学习如何做一个小孩。

每一个有经验的管理者或者老师都知道，要想让下属（学生）和自己齐心合力，那么，将自己的形象人性化才是明智之举、智慧之举。

厦门大学教育研究院的一位博士生曾经在我面前用这样一个小事例赞美他导师的人格魅力。

因为那位同学的导师已离开厦门大学到另一所大学当校长了，有一次回厦大忙完事情之后晚上九点钟请学生吃夜宵，顺便了解大家的学习和研究情况。导师给他打电话时，问他在干什么，他说正在写论文。导师没有一本正经地表扬，反而以调侃的口气说道：“老做研究干什么，不累啊？出来出来，我们一起放松放松，你现在通知大家到××××，我们喝喝酒，聊聊天。”

说这话时，那位博士生神采飞扬，一脸敬仰地说："我这个导师太好了！不但学问做得好，而且亲和力强，魅力十足，在他的门下，搞学习、做研究对我们来说就是一种生活的乐趣。"

事实上的确如此。一个人的魅力往往来自于真情的流露和个性的释放。

显然，"内热外冷"是情商不高的表现之一。

美国成功学奠基人奥里森·马登博士告诫我们："有的人总是把自己的情绪保持得很低调，不愿意向别人显露自己的喜悦。但是有朝一日他们竟发现自己已经失去了高兴起来的那种激动，失去了对喜悦的感觉。这多么可悲啊！所以，千万不要用一生的幸福去冒险。"①

欧洲启蒙时代一项最伟大、最持久的成就，就是确立了历史学家罗伊·波特（Roy Porter）所说的"将追求世俗的快乐视为'至善'"。但是，能够认识到它的价值，并从中受益的人却不多。看来，对快乐的寻求总是充满艰辛。②

有人说，小时候，快乐是一件很简单的事情；长大以后，简单则是一件很快乐的事情。无疑，这种说法是很有道理的。

而且，真实流露正常情绪，有时候会让人温暖无比。

2011年12月12日，我从武汉乘火车早上六点钟到厦门，由于有四大包行李，查票时我停留了一下寻找火车票，查票员很友善地对我说："你的行李不少啊！"这是这些年坐了近一百次火车以来，我第一次听到这么温暖而富有人情味的问候。我忍不住打量了一下查票员：男，30岁左右。这次经历，至今还让我感动。

世俗的，往往也是温暖的。

您能当众表达对他人的感恩而不是隐藏于心吗？

"没有任何一种语言文字能胜过拥抱这种亲密的身体接触，身体接触才是我们最基本的交流形式。"③2012年上半年，在给2010级国际酒店管理专业的学生讲到某一沟通话题时，我设计了一个拥抱的游戏环节。在讲解了游戏规则之后，我对学生说："下面，我想分别拥抱一位男生和一位女生，给大家做一个'拥抱'示范，谁主动上来？"这时，一位女生向我举手示意。我由此知道

① [美]奥里森·马登著，张春明译：《成功学原理》，中国发展出版社2003年版，第412页。

② [美]安格斯·特鲁贝尔著，孙维峰译：《笑的历史》，中央编译出版社2006年版，第174页。

③ [英]德斯蒙德·莫利斯著，何道宽译：《亲密行为》，复旦大学出版社2010年版，第1页。

了这名女生的名字：黄韵莹，顺德籍。

接下来的一次课，课间和她聊天，我表达了她主动举手拥抱带给我的感动，因为她的大方和热情。旁边的同学说："老师，你知道吗？她跳舞也跳得很好的喔。"我说，是吗？并随口对她说："那什么时候跳个舞给我看一下？"没想到她很爽快地答道："好啊！"这让我大喜过望。"真的？！"她认真地点了点头。我说，我只是随意开个玩笑，没想到你当真了。她真诚地说："老师，在这门课上你让我学到了很多东西，所以，上次才主动举手和老师拥抱。这样吧，你约一个时间，在课堂上给我留几分钟让我表演舞蹈，就当我对你上课的回报和感恩吧。"

在倒数第二次课快结束时，和着音乐，黄韵莹在讲台上跳了几分钟独舞。她不但长相清丽，而且活泼大方，舞技自然流畅，几分钟的表演，给人感觉舒服、开心、怡人，赢得了全班同学的满堂喝彩。无疑，我很感动。

在最后一次课结束的时候，我表达了他们班带给我的美好感受，同时表达了黄韵莹同学两次带给我的无尽感动。为了表达我的心情，我当着全班同学的面送给了她一盒巧克力，这时全班同学爆发出雷鸣般的掌声。黄韵莹同学显然很意外，她上来接收巧克力时再次给了我一个热情的拥抱表达谢意。下课铃声响起的时候，全体同学起立，向我鞠躬致谢道别……

在这其中，无论是黄韵莹同学对我的感恩示好，还是我对她的感恩回馈，我们都向全班同学生动示范了情商意识，即通过适度展现我们的情绪彰显了我们的生命热情和优良素质。

再比如，当您高兴时，您能展示您的微笑吗？

当您欣赏某人时，您能当众赞美吗？

还有，人性中那些美丽的忧伤。

人都是有感情的，兴奋的、哀伤的。国务院前总理温家宝有一次看望遇难矿工家庭抱着孩子泪流满面的照片感动了无数国民。据媒体报道，2005年1月2日，温家宝总理在遇难的陕西省铜川市陈家山矿副总工程师牛铁奇家慰问时，流着泪听完了牛铁奇之妻张革委的讲述，并说"我来晚了，来晚了。"同样，2008年11月3日，在北卡罗来纳州夏洛特市举行的竞选集会上，美国民主党总统候选人奥巴马（Obama）说："我的外祖母已（于11月2日）永远离开了我们，但我知道她与我的亲人肯定都在看着我，因为他们，我才能拥有今天的成就。今晚，我想念他们，我知道自己欠他们的无可计量。"演讲中，提到刚刚去世的外祖母，奥巴马潸然泪下。那张图片同样打动了无数美国人，因为他展现了一个人应有的温情。

一般而言，高情商的人更容易坦率自由地表达自己的情绪、观念和想法。

当然，正如题中所说，“适度展现您的喜乐哀伤”，这里的“适度”意味着并不是将您的情绪、观念和想法全部真实地展现于他人。比如，喜怒哀乐都随时、随地、随意写在脸上的人肯定不大受欢迎，任何事情都有一个度，超过某种限度反而成了低情商的标志了。

三、学会推迟满足感

斯坦福大学心理学家沃尔特·米切尔（Walter Mischel）1960年曾经做过一个经典的棉花糖实验：

让一群儿童分别走进一个空荡荡的大厅，在大厅里最显著的位置为每个孩子放了一块棉花糖。测试老师对每一个将要走进去的孩子说：“如果你能坚持到老师来叫你出去的时候还没有把这块棉花糖给吃掉的话，我将给你一个奖励——再给你一块棉花糖。也就是说，你将得到两块棉花糖。但是，如果你没有等到我回来就把糖吃掉的话，那么你只能得到这一块。”

实验开始了，孩子们依次走进大厅……

试验的结果发现，有些孩子没有控制能力，因为大人不在，又受不了糖的诱惑，他就把糖吃掉了。还有一些孩子，牢牢记住了刚才听到的要求，认为自己只要能够坚持一会儿，就可以得到两块糖，于是尽量地控制住自己。他们也并非不受糖的诱惑，但他们想尽办法转移自己的注意力，他们有的唱歌，有的蹦蹦跳跳，还有的干脆趴在桌子上睡觉，就是不看那块棉花糖，一直等到老师的到来。这样，他们就得到了奖励，他们得到了两块棉花糖。

专家们把孩子分成两组：能够抵御诱惑，坚持下来得到两块棉花糖的和不能坚持下来，只得到一块棉花糖的孩子，并对他们进行了长期的跟踪调查。

结果发现，那些只得到一块糖的孩子普遍没有得到两块糖的孩子成功。也就是说，凡是缺乏控制力的，不管他智商如何，在人生中都不大容易成功。反之，那些有控制力的，在生活中大多比较顺利。

根据经验，不少青少年，缺少的正是这种健康的常态。有的孩子长到十五六岁，仍然缺乏“先吃苦后享受”的意识，而是恰好相反。他们的智商与别人相比毫不逊色，但就是不肯吃苦，说话和做事全凭一时冲动，最终，他们可能会成为失败者。

比如我们的高职学生。到顺德职院以来，我每年都会给我做班主任所在班级的每个学生发一个信封，让他们给我写信并集中收上来。我让他们写内心的想法，比如一年来的收获、快乐、郁闷、迷茫、痛苦等，我想借此了解他们。有一次，学生这样写道：

同学A：由于上了大学，没有高中老师管了，学习起来很费劲。哎，对于我这类人，老师有何妙方介绍，有什么学习、记忆力好的方法呢？

有妙方吗？显然没有。读书学习，没有诀窍，就是能够坐冷板凳，对于学生而言，这是扎马步式的基本功。只是，我们很多学生控制不了自己的情绪，静不下心来看书学习而已。

同学B：想考六级，但总是提不起精神，甚至想考研究生，但依赖性强，希望有人陪考，老师，可以提示一下怎么办吗？如何应付？

同学C：我很想认真地对待生活中的每一件事，但却总是混混乱乱的。说实在的，在过去的几个学期里面，我经常都感觉很失落，很无助，很自卑……

我在班会上集中点评大家的问题和困惑时说道：“大家应该有意识地培养一下自己的自控能力。要想增加自控能力，既要给自己订一个目标，也要培养自己在追求目标过程中先吃苦后享受的良好习惯。比如，如果打算以后从事证券行业（我班是金融专业），那就应该多看看相关的书籍，早日通过证券从业人员资格考试，在考证的过程中你会体验到快乐。我在网上看到一句话，你们可以用心体会一下，那句话就是：‘每一个你讨厌的现在，都有一个不够努力的曾经。’”

有一位临近毕业的市场营销专业的同学，我上过他们的课，她加了我QQ。

有一次，她和我聊了以下内容：

某同学：老师，还有一个问题，我们现在一个星期只有四节课，每个星期都好像放国庆一样，但我又不想浪费时间，我该做什么好呢？

Mr.刘（我）：你喜不喜欢看书？如果喜欢，倒可以每天泡图书馆，这能让你心灵宁静充实。

某同学：喜欢。

Mr.刘（我）：那就泡图书馆，成天一个人去。

某同学：但是我总受不了电脑的诱惑。

…………

有多少人嘴里喊着努力，其实只是躺在床上想想而已？李敖说过一句话："不怕苦，苦半辈子；怕苦，苦一辈子。"这句箴言的实质就是要学会推迟满足感。

我们很多人想要改造这个世界，但却罕有人想改造自己。

我有一位朋友，在一所本科院校教书，一直希望做一个知识渊博、能够旁征博引、受学生推崇的好老师，这样既可以影响学生，也可以获得成就感。但是每次去他家拜访，他总是向我抱怨说平时太忙，好些年都没有看过本专业的理论书了。有一次，我打电话找他有事，顺便问他在忙什么，他说在看电视连续剧。我半开玩笑半认真地说："你这么堕落啊，居然还看电视连续剧？为什么晚上不看看书呢？"他说，把自己搞得那么辛苦干什么呢，每天晚上回家看看电视可以放松一下……

我的自制力不错。

因为高中读书太辛苦，体弱多病，大学以及毕业到了银行以后经常因为感冒到医院拿药。大概是1995年的某一天，我突然想，经常感冒说明自己抵抗力差，增强抵抗力的唯一办法就是锻炼身体了。

有了这种意识以后，从此我每周都会去中南财经大学的操场跑20圈或者到附近的紫阳湖公园跑4圈，每个月我会到武汉的东湖围着其中最大的一个湖（据说有18公里左右）跑一次，用时两三个小时。

在厦门大学，由于工作比较单纯，我每天都会到后山（厦门植物园）跑步锻炼，后山丛林中的很多路径我了如指掌。

在顺德职院，每周我会沿着校园最边上的地方跑两圈。

或许，您会认为，在武汉，在顺德，我每周只锻炼一次太少了，但是，我跑步的频率是固定的，从1995年至今，我坚持了近20年，没有间断过。尤其是在武汉，无论冬天刮风下雪有多冷，我都会穿上运动衣出去跑步。如果周末下雨，总有雨停的间歇。不管我平时有多忙，每周的跑步运动肯定是一件必须完成的头等大事。

其实，偶尔我也是不想跑的，尤其是冬天太冷、夏天太热的时候，但每次我都会这样鞭策自己：尽管此刻不想跑，但跑完回来以后浑身会很舒服，而且，坚持跑步，少生病，无形的收益会很大。

这些年来，跑步运动已经成了我生活中的一部分，美好生活的一部分，所以，我一定会始终不渝地坚持下去，直到我年老跑不动为止。

我们已经成年，应该学会妥善管理自己的情绪，推迟满足感，不让自己成为情绪的奴隶。如果别人休息您也休息，别人娱乐您也娱乐，别人游玩您也游玩，那么，别人得到什么，您也只能得到什么。要想得到别人得不到的东西，就得付出别人付不出的东西。尤其是在我们年轻的时候，还有条件付出的时候。

好多年以前，曾经看到过一幅漫画，漫画中歪歪斜斜地写了这样几个字：“人既不属于别人，有时也不属于自己，但人总属于他自己为自己而营造的那个命。”这无疑是满含哲理的。

四、日常生活和工作中的情绪管理

下面，我以家庭教育和销售为例，谈谈日常生活和工作中的情绪管理。

我们先看家庭教育中的情绪管理。

小孩的情绪控制问题，目前医学等学术界等尚无定论，但有迹象表明，家庭教育在其中起着相当大的作用。比如，有些家长会对孩子说，“我没精力管你，你想怎么样，就怎么样吧！”结果会怎么样呢？

我有一个亲戚的小孩名叫华勇，小时候反应敏捷，相当机灵聪明。比如，过年的时候，我们叫一个十五岁的小孩给长辈端板凳坐，大男孩还没有反应过来，那时仅六七岁的华勇就飞快地跑到房里把板凳搬出来了。

华勇的父亲长年在广东打工，无论是平时给华勇打电话，还是春节回家，他总是这样教育华勇的：“你要是好好读书，我以后就花钱供你上大学；如果你不好好读书，就跟我到广东打工。”

小孩本来就贪玩、缺少判断力，所以，尽管华勇小学时成绩相当优异，但在父亲这种“无为而治”的管教方式下，随性而为，按年少的本性行事，后来渐渐不能控制自己，初中没读完就辍学随父亲到广东打工去了。

所以，在孩子成长的过程中，父母要给予指导和帮助，要让他们从小学会控制自己，养成一种良好的习惯，否则，问题拖得越久，就越难以应付，甚至积重难返，到时就追悔莫及了。

在销售领域，善于控制自己的情绪比能力重要得多。

2009年6月，我和几位同事准备团购笔记本电脑。电子商务专业一位老师给我们联系了顺德一家电脑公司的销售人员伍先生。伍先生带了几台样机过来。在洽谈过程中，有些老师问了一些在他看来很不友好的问题，比如像我这种电脑盲甚至问了他“怎样保证所供电脑是真品而不是伪货”的问题——我真没有恶意，因为我基本上不懂与电脑相关的软件和硬件问题。我们谈了一个多小时，有两三个老师大致倾向于其中报价4750元的一款，但没有最终决定，说再商量商量。谈到价格问题时，我们说能否再便宜一点，他说除非等两个星期，估计能降200元。

三个星期之后，暑假在即，另一个老师和我因急用，决定购买先前报价4750元的那一款。那位老师在网上查了，发现南京的报价已经降到4500元。于是我给伍先生打电话说要两台，他说临时没货，过几天再给我电话。我问价格，他说还是4750元。我说，“您不是先前说过两个星期能降200元吗？而且我们在网上看到南京的同款报价现在就4500元。”没想到他咄咄逼人地说：“那你可以到南京去买呀！”他进而表达了对我们的不满：“你们老师心眼太多，我和你们老师做这笔生意根本没打算赚钱，主要是想以此开拓市场，报价就是进价，但你们老师太刁钻了！”因急用，回武汉过暑假时我就在武汉买了同款电脑。

此后，伍先生一直没有再主动和我联系。后来我了解到，伍先生先前是做财务的，刚刚转行做销售。

我想，做销售做到这个份上，显然他是很难有所作为的。在销售工作中，如果我们不能用一种积极的态度看待顾客提出的问题，那么就算能力再出类拔萃也是枉然。即使顾客态度恶劣，也仍然需要控制我们的不良情绪。

《孟子·梁惠王上》说："非不能也，是不为也。"正如妥善管理自己的情绪，只要您愿意，我们都能做到。关键是要有这种意识。正如我们在后面内容中所分析的，情商是完全可以通过有意识的作为提高的。

总之，在妥善管理自己的情绪问题上，高情商的人善于控制自己的不良情绪，能够适度展现自己的喜乐哀伤，能够推迟满足感，并有效地约束自己，有所为有所不为，能够把握自己的生活，所以感觉幸福。

自由是人类精神的最高旨归，黑格尔说："人之所以为人的本质——是自由。"[①]因为当我们从人身依附中摆脱出来，成为自我的主宰，便能带来精神上的自在和内心的愉悦，而真正的自由恰恰来源于自我控制，来源于妥善管理自己的情绪。众所周知，化蛹为蝶，成就生命的绚烂，必先作茧自缚。人也一样，要想成长，必须首先学会自我克制。

因此，善于妥善管理自己的情绪是高情商的又一显著标志。

---

①［德］黑格尔著，王造时译：《历史哲学》，上海书店出版社2001年版，第18页。

第四章

学会自我激励

每个人都有梦想情结，这是人类美好生活的皈依。基于这一点，是否具有励志精神成为一个人情商高低的第三大标志。

一、自我激励生活会更加阳光

激励分为两种：外在激励和内在激励。一个孩子初三中考后放暑假时，父母对孩子说："如果你能保证暑期看完三本名著，同时写三篇读书心得，我们就带你去看大海。"因为从来没有见过大海，在这种"诱惑"之下，孩子每天在家闭门阅读小说，这就叫外在激励。相反，如果家长没有这种鼓励，而是小孩自己主动要求暑期看三本名著，这就叫内在激励。情商中的"自我激励"指的就是这种内在激励。

自我激励的前提是热爱生活，敢于梦想。

先谈热爱生活。

很多年以前，香港"四大天王"之一黎明到武汉演出。武汉的一家报纸在显著位置刊登了"追星族"在机场的接机照片。其中一位看上去四十多岁的中年妇女，所举手牌上写了这样几个大字："黎明，我喜欢你，永远支持你！"

我当时很感动，因为一个人在这个年纪还能大胆地说出自己喜欢的人，至少是一个纯真、富有激情而热爱生命的人。

生活中的我同样如此。平时我有一些口头禅对朋友和同事张口就来，比如"××，给您请安！"、"尊敬的、伟大的××"。见到久未谋面的朋友，我会张开双臂作拥抱状：“哇！三百年不见，你还活着？！”

有一次，三十米开外，看到外语系一个熟悉的老师陈婵英的背影，我大叫：“婵英！！！”她一回头，“有什么事吗，刘老师？”我大笑，“没事没事，我只是呼唤一下你的名字！”这时婵英老师忍不住开怀大笑……

生活中，我的很多表达方式让人家一听就能感知：嗯，这个刘宗劲生活状态不错嘛。而激情也好、快乐也罢，都是很容易传染的。

有激情又能控制的人，在任何团队都是受欢迎的。

一般而言，随着年龄增长，很多人激情开始减退。比如，有一次周末碰到一件新鲜事，星期一课间我讲给一个学生听，学生听后眼睛大睁，“真的？好有趣啊！”中午到食堂吃饭，同样的趣事讲给一位坐在对面的、我熟悉的、四十岁左右的老师听，他眼睛没有任何反应，一边吃饭，一边淡淡地回应道：“是吧。”

我相信，对于那位老师，余下的生活时光，一如他的眼神，都将平淡无奇，而学生不一样，未来的生活还有很多期待。

所以，俗话说，眼神光亮，大运在后。

激情是一种奋发的状态。看一个人不是看他的年龄，而是看他眼神中有没有激情。即使一个人老了，如果他有激情，他仍然会吸引您，打动您。但是，生活中有不少人就缺少那么一点激情，对整个生命状态近乎麻木。

曾经有一同事，我们关系很要好，但他在生活方面似乎没有什么朝气。2004年6月的某一天，得知博士生入学考试通过了，我晚上给他打电话，我兴奋地大叫：“涛涛，告诉你一个好消息！”他淡淡地问：“怎么啦？”我继续大声高喊：“我考上博士了！！！”他缓缓地回应道：“喔。”倒不是他不愿与我同乐，这是他的性格，对什么事都淡淡的，我有一次对他开玩笑说道：“感觉你怎么总是缺少一丝鲜活的生命色彩啊？！”他也只是淡淡地“呵呵”了两下。

一个人应该有激情。大家都知道魔术有一个行规，即不能揭秘。因为只有这样，我们才能去体会生命中那些不可思议的——惊喜。所以，刘谦说，魔术是带给人类梦想的一种表演艺术，因为魔术让梦境成真。

西方有句哲语：如果这个社会变得沸腾了，那么这个社会是不可战胜的。我们在这里可以改写一下：如果一个人变得沸腾了，那么这个人也是不可战胜的。

二、拥有梦想人生会更有意义

谈了热爱生活，下面我们来认识梦想。

很难说什么是办不到的事情。因为昨天的梦想，可能是今天的希望，也可能是明天的现实。

梦想或许与我们的现实无关，却与我们的生活状态紧密相连。因为梦想是一个人的灵魂，所以，即使梦想未必能够完全实现，至少我们的人生不会迷茫。

比如说，如果一位设计师梦想成为中国最优秀的设计师，即使他成不了中国最优秀的设计师，在追求梦想的过程中，他一定会以非常积极的姿态面对生活中的一切，从而享受热情的生活。

台湾著名绘本作家几米说，向日葵告诉我们，只要面对着阳光努力向上，日子就会变得单纯而美好。

但是，因为现实冷酷，我们的梦想很容易被知识击败——如果您提出一个新的发现构想，人家认为这不符合常理（知识），于是您退却了；

我们的梦想更容易被世故淹没——如果您因为自己经营的瑜伽馆不但独具特色，而且管理得法，生意非常火爆，于是梦想在全国各地开连锁店，但苦于无资金，在向各方求助的过程中，得到的都是类似“人要现实，要脚踏实地”的劝告，于是只好规规矩矩地守着眼前的瑜伽馆。

我们的梦想还容易被时间隔离——很多人曾经有希望、有梦想，但随着时间的推移，挫折的累积，信心也就慢慢消弭于无形了。

其实，一切皆有可能。每个人完全没有必要因为顾及世俗的压力，感到无可奈何，无可选择。无论居庙堂之高，还是处江湖之远，每个人都可以有自己的梦想——无关宏大，也无论细微。只要善于挖掘自己的潜能，敢于梦想，全力以赴，每个人都会有梦想的收获，Everyone is No.1。

在我既往的生命历程中，我发现和实现了很多人看不见的可能性，也做过一些他人不敢想、更不会做的事情，我的梦想也一个一个地变为了现实。

在这里，我举三项较大的事例：

事例1

上世纪九十年代初，既是“南下”、“深圳”、“经济特区”等热潮涌动的年代，同时也是银行业火爆的年代。那时大学生就业已经开始采用“国家分配”和“双向选择”并行的两种方式。

1992年底，我被系里分配至深圳市建设委员会第×建筑工程局，但因当年暑假我到广东和海南两省转了两个月，发现整个南国喧嚣、嘈杂、浮躁，当时性格传统的我很不喜欢那种环境。所以，我对负责毕业分配的老师说，我不想去深圳，我想在武汉找家银行工作。老师问我在银行有没有关系，我说，我家在四川（当时梁平县属四川管辖）农村，在这里没有关系。老师说，那你是不可能进去的，因为现在银行收入很高，岗位很俏，如果你没有关系和背景是绝对不可能进入这么好的单位的。

我没想那么多，怀揣着在学校获得的各种荣誉证书以及发表的各种体裁的文章，毛遂自荐，遍访各家国有商业银行。最后，我顺利进入了湖北省工商银行，当时老师和同学对此表达了极大的惊诧。

事例2

2004年8月，在回母校读博士之前，我给我工作11年来所有熟悉的同事写了一封信，表达辞职之由和感恩之心。

离开工行前几天，以《感恩书——临别工行感言》为题的这份告别辞，通过中国工商银行的内部电子网络，发送给了全省工商银行外汇业务系统以及省工行机关大部分相识的同仁。虽然这封信现在看来有些幼稚并含有卖弄成分，但是因为涉及感恩和梦想，当时在省工行轰动一时，感染和激励了很多人，无论老少，无论男女。那一段时间，这件事成了同事们感叹和赞美的主要话题。还有好几个下属银行的女性朋友含泪打来电话，因为心灵的颤动。她们说，她们曾经有梦想，但结婚生子之后，在现实的压力之下，每天过着平淡而琐碎的生活，我的梦想又勾起了她们青春年少的回忆。

其实，自我1993年进入中国工商银行湖北省分行以来，11年间，省工行机关及其直属机构职工因各种原因离职的不在少数，但都是悄无声息地离开的，没有一个人“放炮”，我“放”了，真挚而动人。这就是我的独特之处。

8月31日办理档案调离手续时，因为那封《感恩书》，省工行人事处还以某种非常友善和令人感动的方式表达了他们特别的嘉赞和祝福。应该说，这是一种肯定。而且，对我而言，也是意外之喜。

事例3

2005年（读博期间）春节我回老家重庆梁平县，发现重新改造后的梁平城市建设要超过湖北省下属的很多二级城市。当然，这里我指的是城市建设靓丽精致的现代化形象，而不涉及城市规模和经济总量的比较。但是，老百姓依然穷，政府官员的素质依然有待提高。

那时，我正在研读制度经济学，其理论趣味、独特思路和对现实问题的解释力，让我深深着迷。于是，我突然产生了一个念头，给当地政府官员授课，阐述加强制度建设对政府行为的作用，以此开阔政府官员眼界、提高政府官员素质。

回武汉后，我对妻子说："今年6月份我准备给我们县委书记和县长写封信，让他们请我暑假回去讲课。"她当时对我说："你凭什么呀，你不就是一个博士生吗？现在满街都是博士，而且，你现在又没有什么成就，人家凭什么请你去呢？"我说，相信我，我自有过人之处。

临近暑假时，我给时任梁平县委书记张道华和县长李志雄分别寄了一封内容相同的信件。两个星期后，县长秘书兼县政府办公室副主任打来了电话，又过了一个星期，县委宣传部副部长也发来了邀请。两家协商的结果，以县委的名义，来筹办这次活动。

2005年9月2日，我为中共梁平县委中心学习组成员作了一场题为"制度建设与政府行为——关于和谐社会的经济学分析"的辅导报告，参加的人员有县委、县政府、县人大、县政协四大班子成员及驻梁部队首长以及县法院等主要部门的负责人。当天的梁平电视台和当旬的《今日梁平》报对此进行了详细报道。

事后，我对妻子说，我内心想做这件事，我只管做就行了，我不会考虑其他。如果他们不理我，这对我也没有什么坏处；但如果他们邀请我去，这对我既是一种锻炼，也是一种荣誉。而且，这对提高政府官员的执政能力也能尽微薄之力。为什么不去尝试一下呢？何况，我自认为把握很大。

大概在10月底，我又想，既然我为那份报告付出了那么大的心血（从初稿到定稿几乎用了整整一个月），为什么不给武汉市的政府官员讲讲呢？因为政府的某些不良行为在全国具有共性。于是，我对妻子说，我准备给武汉市市长写封信，让他请我给武汉市相应级次的干部讲讲。

妻子说，这好像不太可能吧，梁平县和武汉市的干部水平完全不能同日而语，而且，武汉市该有多少院士、博士生导师、教授、副教授和博士？博士生就更不用说了。我依然听从自己的内心，给时任武汉市市长李宪生写了一封信。

信发出一个月之后，武汉市人事局给我打来电话，说市长看了我的信以后，批转市人事局办理。于是，市人事局让我给在市委党校举行的武汉市处级干部培训班讲授这个专题。2005年12月初，我对梁平的讲稿作了部分修改后圆满完成了授课。

如今，我内心涌动着更大的梦想——三个心怀天下的灿烂梦想：

第一个梦想：成为中国的情商之父。

前面讲过，在读博士以后，我一直在关注、研究情商。在顺德职院开设了“沟通与情商”这门课以后，我得以有机会对情商进行系统揣摩和研究，从而使得对情商的理解和阐释更加严密生动。虽然2006年完成与情商相关的论文之后，我没有再看过与情商相关的资料。但因为兴趣，我一直都在不断探索并建构自己的情商理解。

四年之后，即2010年4月底，我在顺德职院图书馆借了10本与情商相关的图书，并于五一期间在回武汉、去厦门的火车上把全部书都看了一遍。之所以读得这么快，是因为好几本情商书都是东拼西凑而成，没有多大阅读价值。但其中有两本书引起了我的特别注意：一本书为国内某重点大学的一位教授在电视上讲解了情商以后所著而成，我花了不到两个小时就看完了，因为作者对情商的理解很空泛，基本上没有触动我内心的解析。另一本书为国内一位知名的畅销书作者所写，我仔细看了一遍，内容尚可但没有突破。

在武汉至厦门的火车卧铺车厢，和他们一对比，我突然惊讶地意识到，计划2013年写作完成的《高情商：打造你的个人魅力》在出版发行之后，我完全可能由此一跃成为中国的情商之父。从那以后，这种意识源源不断地涌出，无法阻止。

说自己将成为中国的情商之父，当然不是指在中国我情商最高（事实上也不可能），而是指在情商的理解、阐释和传播方面我将做得最好。因为包括随后这几年我浏览过的国内外众多情商书籍，发现研究者基本上是按照认知科学的模式对情商进行解读的。但情商在本质上不属于认知范畴，它是一门艺术，需要悟性。

就好比绘画，您要是写一本书告诉大家，分哪些步骤可以画一幅向日葵，很难有效果。但现在市场上的情商书基本上是把情商当作一种知识或者一项技能，所以，难以触动我们的灵魂。知识可以传授，而智慧只能启迪。

我深信，以叙事研究方式写作的这本《高情商：打造你的个人魅力》，将对人类情商作出自情商理论问世以来最让人备感朴素而深刻、生动而温暖的理解和阐释。

我为什么这么自信？

第一，不同的读者可以对《高情商：打造你的个人魅力》这本书做出不同的解读，它至少讲述了一个撞击普通百姓心灵的励志故事。励志是一种优越的生活方式和精神品质，它可以让我们永葆生命的热忱，给予我们自信和尊严。现在的中国，社会浮躁，有多少人能够不为命运所主宰而保持自己的独立人格？

在这本书中，我的自由、我的独立、我的光荣、我的梦想无疑将触动普通百姓内心深处的某种情怀。而且，坚持自己的梦想并为梦想而努力奋斗的人永远值得尊敬并且始终感动人心。

第二，幸福，这是一个多么普通、多么温暖的字眼，同时也是我们在一生中多么难以企及的梦想和追寻。

在这本书中，我将以我的真诚、智慧、快乐和幸福诱发读者内心最美好的东西，同时导引大家认识情商的力量，追寻梦想中的欢乐。

那一年，我的《感恩书》感动了那么多的同事和朋友。我相信，终有一天，《高情商：打造你的个人魅力》这本超强升级版的《感恩书》会感动这个国家。我没有一天不相信我的这种“天赋力量和心理气质”[①]，没有一天不相信我的这种远见与卓识。

“目前，国内关于情商教育的普及远远不及欧美国家。”[②]在我们的人群中，真正理解情商内涵的人很少，很多人认为情商就是对我们日常生活产生重

① [英]C. P. 斯诺著，纪树立译：《两种文化》，生活·读书·新知三联书店1994年版，第88页。
② [美]丹尼尔·戈尔曼著，杨春晓译：《情商：为什么情商比智商更重要》，中信出版社2010年版，译者前言第9页。

大影响的“人际关系”或“社交能力”，情商之于生活的意义被我们有意无意地忽略了。

2013年5月14日，国家主席习近平在天津和高校毕业生、失业人员等座谈时，谈到“做实际工作情商很重要”，引起了人们对情商问题的关注与热议。中共中央党校主办的《学习时报》于5月20日刊发了一篇解读文章《情商及其三要素》，国内各大门户网站以《学习时报详解情商：有种人叫“木头人”不适合当领导》为题进行了广泛转载，大量网友对此进行了一边倒的负面评论，因为他们将八面玲珑、见风使舵、溜须拍马等与高情商画上了等号，这说明大多数人并不了解情商的真正内涵。

我希望，通过我的传播，可以大大提升国人对情商的理解和重视，让情商与我们的生活和工作融为一体，从而增进我们的幸福。

第二个梦想：在人类对沟通的理解、阐释和传播进程中，我将成为少数几个具有里程碑意义的人物之一。

由于“沟通与情商”深受学生欢迎，随着“中国情商之父”梦想的生根发芽，由此产生了上述第二个梦想。实现方式则是在《高情商：打造你的个人魅力》出版之后，恰当的时候，我将利用传统媒体以及新媒体阐释并传播“沟通与情商”，并出版《高情商：打造你的个人魅力》的姊妹篇《沟通的智慧》。

我们知道，一方面，生活中很多人有沟通困惑；另一方面，关于人际沟通的书籍和视频数不胜数，但有影响力的微乎其微。原因在哪里？因为很少有人能够把与我们生活息息相关的沟通讲“透”。他们要么把沟通当作理论知识讲，要么是李嘉诚、王经理和小张的案例阐释，要么把沟通当作一项技能，要求按一二三四五几个步骤来完成，无论哪一种讲解方式，都与我们的真实生活没有太大关联，难以触动我们的内心，所以很少能够开启大家的沟通智慧。

我的阐释方式则与众不同：我善于将自己的真实生活经历融入对沟通的理解，我对沟通的阐释充满了世俗的酸甜苦辣，反映了真实的世道人心。无疑，这种阐释方式接地气，特别容易打动人心，启迪智慧。[①]

实践是检验真理的唯一标准。如果超越逻辑思辨和“浪漫”想象，我的

① 在第六章“建立良好的人际关系”中，我将以“学会赞美”为例解读良好人际关系的建立，相信您由此可以充分领略沟通的魅力。和情商不同，良好的沟通能力需要更多地把握人性层面的东西，所以，《沟通的智慧》阐释风格将更加生活化、世俗化，一如您即将在“学会赞美”中所体会的那样。

“沟通和情商”课程（绝大部分内容是讲沟通）在现实中听众有着怎么的反应呢？

先看学生。

不少班级在结束“沟通与情商”课程的时候，总有一些学生走上讲台表达不舍，有的和我握手、有的和我拥抱、有的和我留影、有的求QQ号码、有的在旁边默默流泪、有的则安静地站在一边，等其他同学离开后对我说：“老师，我只想对您说一声：谢谢您！”……

课程结束以后，我会收到很多学生的电子邮件和短信，他们纷纷表达体会、赞美、感恩、祝福和不舍。比如，一位广东潮州籍的学生发来邮件表达了如下感慨：

刘老师：

您好！

时间过得好快哦，您给我们上的课就这样结束了，说不出的舍不得啊。

我们都好不习惯哦，今天见您上完课后下楼梯，很失落啊；回到教室，剩下您仅有的几个字留在黑板上面……

第三四节上其他老师的课，大家又恢复死气沉沉的状态，我在想：他们一定还在怀念您的课程……

愿老师您周末愉快！

您的学生：08级国贸林丽婉

2010-11-05

因篇幅所限，在这里，试摘抄其他来信或短信的只言片语看看学生对我阐释沟通与情商的具体评价：

“您非常生活化、非常人性化的授课方式给了我很大震撼，每一个案例都让我反思，您教给我的或许是一辈子的财富，只要我用心感悟，慢慢尝试，我相信将会给我的人生增添意想不到的惊喜。”

“老师，我觉得您的课可以用颠覆传统、无可挑剔来形容，您把人性分析得太太太透彻了，这个世界上应该有很多像您这样的人，但是，我见过的只有两个，一个是明星黄子华，一个就是您啦！”

“与其他老师不同，你的喜感特别强烈，几乎每一堂课，我们都是在开心的笑声中度过的。但是，笑过之后，还留下了深刻的记忆与反思。不像那些搞笑电影，笑过之后什么都没有留下。”

“和演说家的演讲相比，您的课无疑是朴实无华的，因为您的课没有浮华，没有着力地进行纯粹的现场渲染，但是，您的课程却比演说家的演讲更深入人心，给了我们很多启发和反思。您的每一次课都给了我们不一样的惊喜，同时给了我们很多温暖和力量，让我们的既有观念在潜移默化中发生改变。”

“您对生活的美好追求和坚韧而独特的个性，是我遇见的最美好的东西之一。谢谢您，您让我亲眼看到，在这个世俗的社会里，还有一个像光一样闪亮的灵魂。而我也一直深深地相信，这样一个让我第一眼就喜欢的可爱纯真的人，必定会实现他的理想，他独特的个性与深刻见解必定会深深影响中国这个大社会！”

“沟通在生活中不可或缺，但很多人因为忽略了其中的因果导致问题丛生。而老师您却将沟通上升为一门学问，整合为一套系统，现身说法，自嘲自讽，然后有教无类，授人以渔，产生了很好的课堂效果。”

“我觉得您不是在讲课，而是在讲故事，我很喜欢听故事，从您讲的故事中让我可以学到很多东西。因为您本人就是我们的真实活版教材！”

“老师，在您的身上，正能量很强大，您就是一个能量哥，给予别人很多正能量，因为您的真诚、您的笑容、您的自嘲，让我感到世界上几乎没有任何困难能够难到您。”

“大学三年最后一学期上完您的课，让我突然领悟到，这才是我想要的大学课堂，这才是我理想中的大学老师。”

“以前总会碰到一些人在聊天的过程中莫名其妙地生气，有时我并不明白为什么，听了您的课以后，才发现人与人之间的沟通原来有这么多的小细节和大道理！”

“老师，我是您的忠实粉丝。我很感激您，因为我一直为自己的人缘不好而烦恼，听了您的课，按照您所说的去做，发现人缘的确好了很多，您就是我的救星！”

“每堂课我都能在您所讲内容中找到共鸣，您的很多话会让我联想到生活中的事，我总有这么一种感觉：‘没错！就是这样的！’”

“真的好神奇，好些时候您的讲课内容当天就被验证了！”

“老师，您堪称我人生的启蒙老师！”

“大学三年，我认为您的课是最重要的一门课，没听过您的课的学生我觉得真是可惜。”

“没想到咱们学校还有如此出色的老师！”

“老师，您在情商方面天赋极高，您是我这么多年以来见过的最有魅力的老师，没有之一。”

…………

由麦可思数据有限公司[①]出具的《顺德职业技术学院社会需求与培养质量年度报告》（2012）中，在“核心课程有效性评价与成绩分析”部分，提供了“最有帮助的老师”名单。报告称，该名单由就业和正在读本科的毕业生判定大学期间对个人成长最有帮助的老师，每个毕业生自填一位。报告显示，在本校2011届毕业生认为对个人成长最有帮助的前10名老师中，我名列全校第一名。

再看社会人士。

无论是沟通还是情商都与世俗生活关联很大，阅历越丰富，感悟就越深切。因为有些道理，如果年龄不够、经历不够，就是读再多的书，开再多的会，也参悟不透。所以，和缺乏生活经验、缺乏生命体验的大学生相比，职场人士听我讲沟通和情商的反响应该会更强烈。

事实上正是这样。曾经给广州一家公司培训团队沟通和团队情商，两个月之后，几位员工专门来顺德请我吃饭叙聊。餐叙中，他们纷纷谈到我的“沟通与情商”课程给他们的工作和生活所带来的明显变化。

A小姐：“我一直没有意识到我有一个不好的习惯，即聊天时总是习惯打断别人的话。听了您的课程以后我现在才开始有意识地矫正，但习惯的养成有一个过程，现在有时一旦控制不住打断同事的谈话，同事会说‘Mr.刘说，要“学会倾听”，不要随意打断别人’。”

B先生：“原来聊天时我特别喜欢和别人争辩，现在我要是再争辩，同事

① 麦可思（MyCOS）数据有限公司是目前国内知名的第三方教育数据咨询和评估机构，致力于高等教育培养质量测量与评估，为中国各高校提供基于数据库的培养质量评估报告和教育咨询服务。

会提醒我说，‘刘老师说要“学会示弱”，少争辩，多倾听。’”

C先生：“我大学上的是独立学院（民办），原来人家问我是哪所大学毕业的，我每次都很自卑，只好说毕业于那所独立学院所依附的重点大学，人家往往赞叹说‘真不错，名牌大学啊！’搞得我内心狼狈不堪。刘老师在‘学会真诚’那次课谈到，自我袒露能赢得自信和尊重。前些日子又碰到一位客户问及我的毕业院校，我就按照刘老师的忠告，坦坦荡荡地告诉他我所毕业的那所独立学院，刹那间我突然发现，正如刘老师所说，我当时真的觉得好自信啊！通过真诚的表达，先前的自卑和狼狈一扫而光，刘老师，您的课太有用了！”

D小姐：“我们公司有一位员工，一直以来很勤奋，但她总是形单影只，很少和我们打交道。现在我们发现她也有了不小的变化。比如，和我们打招呼，她现在会微笑；有时在一起，她会赞美我们。她自己对我们说，您的课让她感悟到不少东西，她会慢慢学会改变。”

E先生（中层）：“原来我给我们部门同事发飞信通知大家相关事项，没有同事回复的。听了您的‘学会回应’那次课以后，现在我再给大家发飞信，很多同事都会回复，诸如‘谢谢！’、‘收到’之类的，刘老师，真的，您对我们的影响太大了！”

F先生：“原来我们公司几个住在一起的员工总说晚上要到附近公园去跑步锻炼身体，但最终都没有行动。听了您的情商课程以后，同事们说‘刘老师说，要推迟满足感’，所以，现在我们能够坚持每天晚上去公园跑步了。”

2010年冬天，在顺德欧莎卫浴有限公司举办的“佛山市女企业家协会年会”上，我用一个小时的时间给几十位女老板讲了一个沟通话题，晚宴时大家纷纷举杯向我表达体会和感谢，其中有一位港资企业的王姓老总（四五十岁）和我聊了半个小时。她说，她是香港人，跑过东南亚很多国家，这么多年来，她听过无数场培训和沟通讲座，我所讲的话题她同样听过多次，没想到我的理解和阐释带给了她从来没有过的感悟。离开时，她拉着我的手说：“你有责任和义务影响和改变一代中国人。”

由此衍生出的第三个梦想是：《高情商：打造你的个人魅力》和《沟通的智慧》出版后将影响中国现代化进程中国民的价值判断和人生选择。

众所周知，人类生生不息，“前所未有”者层出不穷。从根本上讲，人类历史就是一部不断突破自我、追寻梦想的发展史。

非卓越无以彰显生命的本质，非卓越无以延续历史的长河。

潜能的发掘是艰难而漫长的，但是一旦被发掘，便有如蛟龙出水，鹰击长空，气势之非凡甚至会让您自己都始料不及。

2010年5月以后，因为三个心怀天下的灿烂梦想，我发现，生活在这个美好的社会与时代，时间是多么的慈祥，因为生命由此而有了凝固而永恒的意义。

我的“宏大”梦想并非说明我有超人的才华，只是我没有丧失本性，能够持续发掘自己的潜能和禀赋而已。或者说，我的优势只是基于生命本身，仅此而已。古希腊哲学家亚里士多德说得好：“在生活中去做合于自身中最高贵部分的事情。它的体积虽小，但能量巨大，其尊荣远超过一切。”[①]

中国近现代著名的民主主义教育家黄炎培先生也表达了类似的看法，他说：“在我的朋友中，常见有人品性和才能宜于甲的，偏偏去学习乙的；他尽管在乙的学科上得了学位，有了资格，久而久之，还是去干他甲的事业。在他干乙的事业时，一点看不出怎样的本领；一干了甲的，便大大发展了。然而他在甲的不过凭他天才罢了。这样一想，要是这人从小就习甲的学问，干甲的事业，不知他的能力发展到怎么样，这人的快乐又晓得怎么样。”[②]

多年前曾经在一本书上见过这样一句话：“当一个人知道自己的目标去向并为之奋斗时，整个世界都会为他让路。”一直以来，我深信不疑。

近几十年来受到关注的“身心灵”世界理论，对此有这样的解读：“当你真心想要一样东西的时候，你身上散发出来的就是那种能量的振动频率，然后全宇宙就会联合起来帮助你达到你想要的东西。”[③]

幸福是什么？

有人说，幸福真的很简单：有人爱、有事做、有所期待。“有所期待”即拥有梦想正是我们幸福的源泉之一。因为人的内在力量是可以改变其外在命运的。

就我而言，梦想对我的幸福状态的影响持续、强烈而深刻。应该说，有人的地方，就会有江湖。上班这些年以来，我也经历了不少挫折、不公和暗淡，但一想到今后可能成就的昂扬梦想，我就会“从生活燃眉之急的斤斤计较之中解脱出来”[④]，眼前的遭遇就变得微不足道了，这种遭遇甚至会变本加厉地转

---

① [古希腊]亚里士多德著，苗力田译：《尼各马科伦理学》，中国人民大出版社2003年版，第225页。

② 中华职业教育社编：《黄炎培教育文选》，上海教育出版社1985年版，第86页。

③ 张德芬：《遇见未知的自己》，华夏出版社2008年版，第219页。

④ [德]卡尔·雅斯贝尔斯著，邱立波译：《大学之理念》，上海人民出版社2007年版，第149页。

化为对自我的鞭策。

比如，在省工行工作后期的四五年时间里，业务不精且不感兴趣、被同事排挤、因为业务架构原因所负责的外汇会计科逐步被冷落并边缘化，这种生活成天交织在一起，内心状态落魄不堪。尽管如此，我的精神状态一直以来都特别好，以至于同事段军曾经对我说："刘宗劲，你怎么成天像打了一针（兴奋剂）似的？"原因很简单，因为有梦想。

其实，一个人只要知道自己的梦想、自己的目标，知道自己为什么而活，那么，他就可以忍受任何生活，因为任何困难在他眼中都只是暂时的，是黎明前的短暂黑暗。每一个梦想，都将为我们传达生活更美好的正能量；每一个梦想，都会给我们一种深刻的人生满足感。

法国著名哲学家加斯东·巴什拉对此解读道，因为"梦想永远是最初的安宁，我们在梦想中得到温馨"，所以"梦想能赋予我们所有的世界中最美好的世界"[①]。在艰苦备考硕士研究生的岁月里、在在职学习硕士课程期间、在备考博士研究生的日子里，我始终美好而执著地认为今后的人生将会花团锦簇。[②]

一位了解我的、通过GRE考试留学美国并留美工作的江西籍朋友魏瑜，2002年她在发给我的电子邮件中对我做了精彩而热情的描述："……While I can still recall an aspirant youth who is always persistent in his own ideal and lovely life. Keep going, and you will be paid finally, it's just a problem of sooner or later."（这个时候，我仍然能够想起你：一位胸怀鸿鹄之志，长期以来着迷丁自己的美好理想和可爱生活的同学少年。坚持下去！你最终会得到回报的，这只是一个或早或晚的问题。）

由此看来，我是一个天生的梦想家。

再比如，2004年的那封《感恩书——临别工行感言》，其中有这样一句话："我希望自己能够在这个一日千里的社会和时代做一颗划破夜空的流星，兴许，它还能留下一丝清晰而美丽的印记——此心安处，既是自我的期许，更是梦想的皈依。"我现在无法得知当时写下这句话的底气从何而来，因为那时

① [法]加斯东·巴什拉著，刘自强译：《梦想的诗学》，生活·读书·新知三联书店1997年版，第18页。

② 尽管现实的情况是，无论是硕士毕业还是博士毕业都与如意的工作和幸福的生活没有对等的关系，但那种心态显然不是自欺欺人，而是一种乐观向上的自信心态，其实，幸福的生活大多出于热情而少出于理智。

我完全不知道我会凭什么“成为一颗划破夜空的流星”，因此，那种说辞只能解读为对未来美好生活的激情向往。

2007年博士毕业时，我在博士论文《后记》中写了这样一句话：“放眼回溯，2004年9月，11年后重返青春校园，纯粹是为了实现心灵的救赎，唯愿自己生生不息的魂灵自由飞翔：这是我的呼唤，我的梦想，我的骄傲。马克思说，‘我算不了什么，但我必须主宰（自己的）一切’。在千回百转的迷离梦境里，在渐行渐远的校园时光中，我希望，在路上，我的生命隽永而悠长。”在当时找工作都困难重重的情况下，这种对未来美好生活的预见彰显了人性中那可贵而动人的力量。

2010年5月，成为“中国情商之父”的梦想一跃而起……

正因为我敢想敢做，才得以不断拓展梦想的边界。事实上，“在人类文明的各个历史阶段、在各个社会中，总有一些人，他们自觉地和世俗生活保持一段距离，以便于思索，以便于和超然的神灵对话。”①

从这种意义上讲，凡成大事者，他往往有一部分人格是脱离于世俗的。而且，研究发现，坚持自己的梦想往往是具有巨大创造才能的人所拥有的一种心理品质。

生活中有太多平凡的、细微的感动触动我的内心，让我感叹生命的无限美好。平时听到或者看到与梦想和励志有关的歌曲、微故事等，也很容易让我热泪盈眶。我想，不论在什么情况下，热爱自己，热爱生活，活出激情，缔造精彩，让平凡的坚持赋予生命更多的意义，这样的生活，无疑开心而幸福。

台湾大学哲学系教授傅佩荣说：“如果没有乌托邦的理想，人根本没有方向。”生命本无一定之规，每个人都可以精彩和绚烂。

在生命的旅程中，我让自己惊奇。那么，您有没有使自己惊奇过？

您有没有听过一只鹰自以为是鸡的寓言？

寓言说，一天，一个喜欢冒险的男孩爬到父亲养鸡场附近的一座山上去，发现了一个鹰巢。他从巢里拿了一只鹰蛋，带回养鸡场，把鹰蛋和鸡蛋混在一起，让一只母鸡来孵。孵出来的小鸡群里就有了一只小鹰。小鹰和小鸡一起长大，因为不知道自己除了是一只小鸡外还会是什么。

起初，小鹰很满足，过着和鸡一样的生活。但是当它逐渐长大的时候，它

---

① 林达：《历史深处的忧虑》，生活·读书·新知三联书店2006年版，第133页。

内心开始产生一种奇特不安的感觉。它经常想："我一定不只是一只鸡！"只是它一直没有采取什么行动。直到有一天，一只老鹰翱翔在养鸡场的上空，小鹰突然感觉到自己的双翼有一股奇特的新力量，它再也抑制不住自己内心的激情，一鼓作气飞上了蓝天，栖息在高山顶峰，发现了伟大的自己。

不要以为这不过是一个很好的寓言而已，不要以为自己只是一个平凡的人。我们大多数人都是那只本可以翱翔的鹰，遗憾的是，很多人在庸碌的现实中慢慢地蜕化成了一只默默无闻的鸡。

因此，您的梦想看起来是否遥远并不重要，因为能够实现您梦想的所有力量，就凝聚在您体内。

不要限制您的梦想！如果您有什么了不起的梦想，就应该尊重它——或许，在很长的一段时间内，很少有人能够理解您，因为您的梦想在当时显得实在是疯狂，但是，后来完全可能被证实其实就是极富远见的构想。

像许多早期航空技术一样，空中加油技术也曾经是少数"飞行幻想家"异想天开的产物。因为空中加油就像是在万米高空拿着不停晃动的线穿到同样不停晃动的绣花针眼里一样，如果飞机稍有震荡就会扯断或折断输油管，甚至可能导致空中相撞的严重飞行事故。但现在的空中加油技术不是已经很成熟了吗？

因此，"奇迹并不特别属于哪一类人，它只属于那些愿意选择奇迹在他们身上发生的平凡人。"①

哲人说：您的高度主要取决于您的态度。

哈佛大学曾经做过一个关于梦想对人生影响的长期跟踪调查，调查对象是一群智力、学历和家庭背景等相差不大的年轻人。

最初的调查表明：这群人中，没有梦想的占27%；梦想模糊的占60%，即大多数人属于此类；短期目标清晰的占10%；长期目标清晰的占3%。

25年后再调查发现，那些没有梦想的（27%）最终成了失败者，他们生活不如意，习惯抱怨，成为了社会的底层；那些梦想模糊的（60%）最终有着安稳的生活和工作，没有特别让人称道的成绩，他们成天为了生存而奔波，成了社会的中下层，少数有成功特例；那些短期目标清晰的（10%），中间走过一

① [美]诺曼·文登特·皮尔著，李鹏编译：《成功的资本强人与素质——成功与心理锻炼》，吉林人民出版社2001年版，序言第2页。

些弯路，生活状态稳步上升，他们处于社会的中上层。剩下的那3%即长期目标清晰的，随着工作的变化中间或许有方向的调整或者梦想的延伸，目标的实现未必尽善尽美，但最终他们都成了社会精英。

很多人终其一生碌碌无为，常常是因为他们自我设限，在内心中默认了一个心理高度。

您听说过那个有趣的跳蚤实验吗？

动物学家做过一个著名的实验，他把一只活蹦乱跳的跳蚤放入了玻璃杯中。原本跳蚤可以很轻松地跳出玻璃杯，因为它是动物界的跳高冠军，它跳的高度可以达到自己身体高度的一百倍以上。但是，动物学家在将跳蚤放进玻璃杯后，又加上了一个玻璃盖。

当跳蚤依照以往的经验想要跳出去时，很不幸，它只能“砰”的一声，在重重地撞到玻璃盖之后又掉下来了。头昏脑胀之余，跳蚤还有些不信邪，又连续试了几次，砰、砰、砰……一次次地跳起，一次次地跌落。为了不让自己痛苦，跳蚤开始将生命中永远无法停止的跳跃，维持在了玻璃盖的高度。几天过后，即使动物学家将玻璃盖拿掉，这只跳蚤还是维持在原来的跳跃高度，它已经从一只跳蚤变成了可悲的爬蚤。

那么，跳蚤还能再次改变跳高的高度吗？

动物学家对这个问题产生了兴趣。他拿来一盏酒精灯，放在玻璃杯下加热。结果没过多久，当这只跳蚤热得受不了时，只得全力、奋勇一跳，很轻松地便跳出了玻璃杯。跳蚤恢复了原来的能力，又成为最顶尖的跳高冠军。

在这个实验中，主体是跳蚤，影响其跳跃高度的关键物品有两个：玻璃盖和酒精灯。这三个要素很容易和我们的人生联系在一起。

跳蚤的天分是跳高。和跳蚤一样，我们每个人也拥有特殊的天分和才华，有的人擅长领导，有的人擅长技术，有的人学习能力很强，有的人天生就是运动高手……这些天分如果被发掘，就会成为一颗璀璨的明珠；如果（像玻璃盖那样）被忽略或压抑，我们的天性就会被悄然埋没。

如果您就是那只跳蚤，在现实生活中，您是否也遇到了“玻璃盖”——家人、上司、稳定的收入？还是对自己已经不再年轻的感叹？

“自我设限”是一件很悲哀的事情，跳蚤变成“爬蚤”并非自身已经失去了跳跃的能力，而是在一次次受挫之后学乖了、习惯了、麻木了。

现实生活中，有多少人过着这样的爬蚤人生？很多人之所以不敢追求梦

想，不是追求不到梦想，而是因为他们在心里面已经默认了一个“高度”，这个高度常常暗示自己的潜意识：梦想是不可能实现的。因此，“心理高度”是一个人无法取得伟大成就的根本原因之一。

我听过不少四十多岁的中年男人对我说，自己已经老了，现在所做的一切都是为了孩子，还有十多年就要退休了，没有其他想法了。事实上，四十多岁，正是人生最有作为，最风华正茂的时候，这是明显的消极心态。

“我们曾经认为的中年（大概是35—50岁之间）预示着快速到来的退休和即将面临的死亡。但在过去的100年里，平均寿命已经增加了一倍多，并且还以一个更快的速度增长。研究发现，年龄在65至74岁之间的老年人中，几乎有90%的人说，他们完全没有任何残疾或者身体不便。所以现在很多人开始讨论“第二中年”的说法。”①

因此，那种认为在三四十岁之前必须完成梦想的想法显然已经过时了，事实上，对梦想的实现，“太晚”可能永远也不会来。

还有教育和文凭借口，“我没有受过良好的教育”，但现实生活中又有多少顶尖人才没有完成大学学业或者没有上过大学？

再有就是资金借口，“我没有成功是因为没有资金。”我也没有什么钱，但这丝毫不会影响我的梦想。

当然，还有健康借口，“我身体不好。”……

总之，找借口解释心理高度是全人类的习惯。

其实，对于每个人而言，年龄、文凭、资金和健康都不重要，重要的是梦想、才华、努力和运气。

很多人，大学毕业以后，就把青春和激情埋葬在了校园。我没有，您同样可以没有。

当然，有时候我们会在特殊情况下爆发出我们的潜能和力量，这就是该实验中的酒精灯对人生的暗示。前面所述那个妇女能够在危急之下做200个俯卧撑，其潜能就是在强盗的胁迫下激发出来的，一如酒精灯对跳蚤跳高潜能的激发。所以，美国作家马尔腾在其名篇《生命的炸药》中告诉我们：“‘生命的炸药’往往是在绝境中爆发的。”

---

① [美]肯·罗宾逊、卢·阿罗尼卡著，申志兵译：《让天赋自由》，中信出版社2010年版，第218页。

生命本来就是一场唯美的放逐和流浪，遗憾的是，大部分人都将自己交给了俗世。

您应该有这样一种信念：在这个世界上，有一项非我莫属的任务等待着我去完成，没有人可以取代我，因为每个人都有自己的任务。如果我没有进入自己的角色，这个世界便是不完整的。

我发现，我的人生轨迹就是人类潜能、人类梦想和人类情商的生动隐喻。我的人生经历、我对自我的发现、我对梦想和幸福的追寻，这种对美好人生的探索行为对他人的启发意义是理论阐释难以企及的。不但如此，不管是情商的魅力还是沟通的智慧，我都有足够的才学和修辞力量把这一切表达出来。所以，对于情商和沟通的阐释和传播，我有一种强烈的使命感。

我常常想，如果没有“刘宗劲”，这个世界是残缺的、不完整的。否则，有谁，能如此生动地解读对我们的生命具有如此重要意义的情商内涵？谁来承担这个使命？

生命之所以令人神往，就是因为每个人都有独一无二的自我形象、独一无二的个性和性情、独一无二的天分和才能、独一无二的阅历和机会、独一无二的精神和力量。

美籍犹太教哲学家和神学家赫舍尔说：“从社会的角度来看我自己，或者用比较的方法进行思考，我是一个普通的人。但从内心深处直接地面对我自己时，我认为自己是独特的、极为宝贵的，是任何别的东西都不可代替的。”①

德国诗人海涅也说：“每个人都是一个世界，这个世界是随你而生，也随你而灭的。”因为每个人眼中的世界都是不一样的，或者说，在很大程度上，现实不是它的本来面目，而是我们心目中它的模样。比如，您眼中的社会，您眼中的时代，肯定和我不一样。那么，当我灰飞烟灭的时候，我的整个世界就没有了；您也一样，当您百年之后，您的整个世界也就不存在了。所以，每个人都是一个世界，这个世界是随您而生，也随您而灭的。

您是这个世界上的新东西，以前从来没有过，从“开天辟地”以来一直到现在，从来没有人完全跟您一样；而且将来直到永远永远，也绝不可能再有一个完完全全像您的人。

新的遗传学告诉我们，您之所以为您，必是由于您父亲的24对染色体，和

---

①［美］A．J．赫舍尔著，隗仁莲译：《人是谁》，贵州人民出版社1994年版，第31页。

您母亲的24对染色体在一起作用的结果，这48对染色体加在一起，就决定您所遗传到的是什么。

“在每一个染色体里”，据阿伦·舒恩费说，“可能有几十个到几百个遗传因子——在某些情况下，每一个遗传因子都能改变一个人的一生。”一点也不错，我们就是这样“既可怕又奇妙地”产生的。即使在您的母亲和父亲相遇而结婚之后，生下的这个人正好是您的机会，也只占10亿万分之一。换句话说，即使您有10亿万个兄弟姊妹，也会跟您完全不一样。[①]

因此，作为“旷世无双、无以伦比的物种里的一员”[②]，每个人本身就是大自然的精美杰作，每个人都有特殊的、与众不同的潜能和天赋，每个人身上都有一些宏伟的、超越世界任何事物的东西，每个人都是伟大的，每个人都可以为改善人类生活、延续人类文明做出自己的努力和贡献。

赫舍尔说：“人既是奥秘也是奇迹。作为物，他是有限的；作为人，他是无穷无尽的。”[③]因此，您是天之骄子，成就未来是您与生俱来的权力。

正是基于这种原因，美国著名的哲学家和教育家约翰·杜威在其传世名著《民主主义与教育》一书中对奴隶制发出了这样一声惋惜，他说：“由于奴隶限于若干规定的职业，必定有许多才能未能用于社会，这是绝对的损失。因此，即使从纯经济的观点看，奴隶劳动终究还是一种浪费。”[④]

大千世界，有层出不穷、数不胜数、意想不到的领域和任务等待着我们每一个人去完成，“阳光之下，人各有份。”[⑤]比如我，在进入高校工作以前我自己没有意识到，和我熟悉的亲人、朋友和同事先前更没有任何人意识到，在对情商和沟通这两个细微问题的理解和阐释方面，我具有独到的天赋和才能。因此，“每个来到这个世界上的人，都是上帝赐给人类的恩宠。”[⑥]

所以，我的梦想，既是我个人的梦想，同时也是人类的梦想。每个人只要能够发现自己的潜能和优势，努力向上，每个人都能成就天才的梦想，每个人

① 萧雪：《六天学EQ》，延边大学出版社1998年版，第33—34页。
② [英]德斯蒙德·莫利斯著，何道宽译：《裸猿》，复旦大学出版社2010年版，作者序第7页。
③ [美]A. J. 赫舍尔著，隗仁莲译：《人是谁》，贵州人民出版社1994年版，第26页。
④ [美]约翰·杜威著，王承绪译：《民主主义与教育》，人民教育出版社2001年版，第327页。
⑤ [美]杰克·凯鲁亚克著，王永年译：《在路上》，上海译文出版社2006年版，第11页。
⑥ [美]安东尼·罗宾著，李津编译：《唤醒心中的巨人》，内蒙古人民出版社2009年版，第137页。

都能成就不朽的传奇。

要敢于梦想，敢于希望，敢于认定自己有很大的潜能。现在的心理学家越来越肯定白日梦的价值。很多事情，在不清楚它到底有多难的情况下，我们往往能够做得更好，这就是人们通常所说的“无知者无畏”，我曾经的敢想敢为无不证明了这一点。没有您做不到的，只有您想不到的、不想做的。

“富有诗意的哲学家说，生命不过是一种想象，这种想象可以突破人世间的任何阻隔。”[①]在2005年中央电视台春节联欢晚会上，中国残疾人艺术团出演的舞蹈《千手观音》成为最大的亮点，震撼了亿万电视观众。原因在哪里？作为正常人，我们难以想象，21位聋哑演员居然能将《千手观音》表演得那么美轮美奂！《千手观音》的轰动告诉我们：人类是完全能够超越自己想象的。

一般而言，梦想远大、模糊，令人望而生畏。我们可以把梦想分解成小的、可以管理的、现实的行动步骤：

第一步：我五年以后的目标是什么？

第二步：为了实现五年以后的目标，那么我一年以后应该达到什么程度？

第三步：要完成一年以后的计划任务，我每天必须做什么？

第四步：我郑重承诺，我必须……

因为只有这样，我们才会有相应的行动。

那么，20—30岁，对于在校大学生以及刚刚踏入社会的大学毕业生而言，这青春的十年，我们应该为梦想做哪些努力呢？

第一，要有自己的方向感；

第二，不管起点有多低，都要坦然接受；

第三，围绕自己的兴趣爱好选择职业；

第四，做自己最擅长的事情；

第五，从最容易实现的目标开始做起。

我是三十岁前后才明白人生的方向以及可能成就的梦想。和我当年一样，您也只能从小事做起，从自己的探索欲出发，在生活和工作中用心感悟。人生的目标其实很难一次选准，如果失败了，拐个弯，重新开始，或许能见到更加旖旎的风景。只有这样，才能充分挖掘和发挥自己的潜力，从而一步一个脚印去追寻自己的人生梦想。

---

① [美]黄仁宇：《万历十五年》，中华书局2006年版，第111页。

三、自信是成就梦想的前提

增强自信，需要坚定一个信念——只看自己有的，不看自己没有的。一个人如果有某些缺陷或者不足，应当接纳自己，相信事情都是分两面的，并从自怨自艾中走出来，乐观地面对生活。

教育专家林格在他的著作《教育是没有用的》里面讲了这样一个故事：[①]

有一次，一所学校请来从小就患脑性麻痹的黄美廉博士为孩子们作一次演讲。黄美廉因为这种奇怪的病，五官错位，面貌丑陋。当演讲告一段落后，一个孩子小声地说："请问黄博士，你从小就长成这个样子，你怎么看你自己？你都没有怨恨过吗？"

大家心头一紧，真是太不懂事了，怎么可以在大庭广众之下问这个问题？"我怎么看我自己？"黄美廉用粉笔在黑板上重重地写下这几个字。写完这个问题，她停下笔来，歪着头，回头看着发问的同学，然后嫣然一笑，回过头来，在黑板上龙飞凤舞地写了起来：

一、我好可爱！

二、我的腿很长很美！

三、爸爸妈妈很爱我！

四、我会画画！我会写稿！

五、我有只可爱的猫！

六、……

教室内忽然鸦雀无声，没人讲话。黄美廉回过头来定睛看着大家，再回过头去，在黑板上写下了她的结论："我只看我有的，不看我没有的。"

掌声响起，黄美廉倾斜着身子站在讲台上，满足的笑容从她的嘴角荡漾开来，有一种永远也不被击败的傲然写在她的脸上。

① 林格：《教育是没有用的》，北京大学出版社2009年版，第78—79页。

2008年末一个小狗的故事感动了无数美国人。

一只小狗，它出生时只有三条腿，一条萎缩的前肢后来被切掉了。狗妈妈不想要他，第一个主人想弄死它。不过，后来的主人收养了它并训练它走路，给它取名Faith（信仰）。2008年末，美国《人物》周刊破天荒地让能够直立行走的Faith登上了它的封面。

《人物》周刊对这条狗作了这样的描述：它是降临在浮躁的美国的一种力量；它是笃定而欢快地照耀在任何一位迷失者前方的一盏路灯；它是早就藏好了眼泪和悲伤、只表露笑容和歌声的一种幸福。它的名字叫Faith（信仰），它是一条狗，只有两条腿的狗，像人类一样直立行走的狗。即使没有完美的身体，也可以拥有完美的灵魂。

动物都有这么强烈的生存意识，我们还有什么理由自暴自弃呢？在这个浮躁的大环境下，Faith让我们的脆弱和轻言放弃显得那么荒谬和可笑。天空飘来一句话："那都不叫事儿！"

乐观，是高情商的标志之一，正是乐观能够让人穿透生活中的黑暗，预见人生的美好，从而不断进取，不断收获。

成功有"种"，那就是"我会，我一定会！"这种内在的动力，而内在动力是成功心态的首要因素。

众所周知，书籍是人类文明不灭的火种，因此，很多时候，我抑制不住内心的冲动，我想，我的充满深切人文关怀的心力之作《高情商：打造你的个人魅力》和《沟通的智慧》会像乔治·奥威尔的《一九八四》、戴尔·卡耐基的《人性的弱点》、傅雷的《傅雷家书》、维克多·弗兰克尔的《活出生命的意义》等书一样，在人类文明史上留下一笔。因为情商也好，沟通也罢，它的独特性在于：它是关于人的学问，关乎每个人的生存状态和人生幸福。自古以来，"关于人的学问，不仅是人间最感兴趣的学问，而且是最困难的学问；不仅是最有价值的学问，而且直到现在仍然是最艰深的学问"。[①]

虽然这两本书是大众通俗书，不像有些经典著作那样有理论"深度"，但是正如一句格言所说，人的智慧并非来自伟大学说的研究，而是来自对平凡事物的观察。《高情商：打造你的个人魅力》和《沟通的智慧》展现的正是这样一种智慧——这两本书生动、鲜活地对我们的生活和人生进行了有温度、有人性

---

① 张楚廷：《高等教育哲学通论》，高等教育出版社2010年版，第269页。

的思考。

其实，能够影响人心的经典，其力量恰巧就在于它能够帮助我们认识当下的世界与我们自己。

美国有史以来最有智慧的哲学家瑞夫·瓦尔多·爱默生（Ralph Waldo Emerson）说："一个人整天想什么，他就是什么。"[①]爱因斯坦也表达了同样的意思，他说："想象力就是一切，它是对生命将要发生之事的预览。"[②]

我坚定地认为，我一定会成就不平凡的人生。这种想法，来源于平时在教学中所收获的、全方位的、热情洋溢的、源源不断的盛赞。

被誉为哈佛大学"最受欢迎的导师"的泰勒·本·沙哈尔（Tal Ben·Shahar）在其畅销书《幸福的方法》一书中指出："我们最大的恐惧不是觉得自己不行。我们的恐惧来自于害怕自己的潜能，因为它远远超出我们的想象力。我们最怕的是自己的优点，而不是缺点。我们常问自己：'我们凭什么觉得自己是杰出的、美丽的、有能力的或是才华横溢的？'但真正应该问的问题是：'为什么不呢？'"[③]

徐成功在《卡耐基成功素质激励训练》一书中提到了训练内在动力的方法，那就是列举您的欲望。

现在，您不妨拿起笔，将您人生所有想做的事情，想要得到的事物全部列举出来。暂时不要考虑是否能实现，不要给自己戴上心理枷锁。

认真想想，在您的人生中到底有哪些心愿和梦想，并一一列举出来。不要害怕，不要不好意思。在您列举的欲望后面，明确标明欲望的强度，根据渴望的程度，标出第一、二、三欲望。

然后，每天早晚至少念它三遍，每念一次，就要在心里暗暗发誓，我一定要实现这个欲望。经过反复的念念不忘，这些欲望就会深入您的潜意识，并不断得到强化和加深，成为您思想意识中最强烈的一部分。

"谎言重复一千遍也会变成真理"。这是有一定的心理学道理的。您生命中真实欲望的重复将会成为您行动的巨大动力。

---

① [美]诺曼·文登特·皮尔著，李鹏编译：《成功的资本强人与素质——成功与心理锻炼》，吉林人民出版社2001年版，第235页。

② [澳]朗达·拜恩著，谢明宪译：《秘密》，中国城市出版社2008年版，第104页。

③ [以]泰勒·本·沙哈尔著，汪冰、刘骏杰译：《幸福的方法》，当代中国出版社2009年版，第148页。

四、毅力是成就梦想的关键

在追逐梦想的过程中，要学会坚持，这是当今时代一种弥足珍贵的品质。其实，很多东西远没有您想象的那么神秘，它只是努力和坚持的结果。

如果您不在高校工作，您会以为教授很“牛”，是吧？但我接触过的绝大多数教授并没有什么过人之处，成为“教授”只不过是他长年积累的结果而已。

我在银行上班的时候，曾经带过一个徒弟。因为属于合同工，没有正式编制，和我一起工作一年多以后，他通过考试进了招商银行武汉某支行。在那里呆了一个月之后，他给我打电话，说想回工行上班。谈及原因，他说他在招商银行的工作岗位是外勤（现在的说法是“客户经理”），按照规定，每个星期二和星期五都要开会汇报工作业绩，他说他刚去不久，业务不好做，压力太大受不了。我对他说，“招商银行的员工是人，你同样是人，他们能完成业绩，我就不相信你不能完成业绩。只不过你现在处于起步阶段，他们也同样经历过这个阶段，因此，坚持下去，你一定可以！”

果然，两三个月之后，他的工作逐步走上轨道——因为聪明勤奋，后来他成了某银行支行的一位行长。

很多年以前，我曾经在《中国青年报》上看到过一幅漫画，漫画下面写了这样几个字：“要做一名优秀的学者，聪明的头脑和沉重的屁股是两个不可缺少的条件。”其实，岂止是做学问，做任何事情都是这样。在这个社会上，聪明的人无以数计，或者说，大多数人都很聪明。问题是，有多少人能够持之以恒地去追求自己喜欢的事情？

这些年以来我养成了一个习惯，只要是中午在学校食堂吃饭，因为油水不足，饭后我都会喝上一杯酸奶，这样才能支撑到晚上用餐时间。

2011年12月30日，厦门大学。下午五点我正准备跑步上山时，周身开始冒冷汗，且浑身无力。我突然想起，当天中午因为和同学聊天聊得太晚，忘了买酸奶喝，能量不足的身体一般都会出现这种反应。

我当时想，浑身没劲怎么跑步呢？但如果吃了饭休息一个小时再跑，天渐黑又无法上山。每天例行的跑步上山运动太爽心了，我必须跑！因为次日我就要离开厦门大学了，否则，再次到后山上跑步就在五个月之后了。

于是，我硬着头皮往山上的方向跑。当我跑到山顶，一种成功征服自己的巨大喜悦溢上心头……

成功其实很简单，就是当您坚持不住的时候，再坚持一下。

在这个世界上，没有任何事物能够取代毅力：能力无法取代毅力，天才同样无法取代毅力。“虚度年华、一事无成的天才实在太多了。只有伴以相当的执著、意志力、勤勉和技巧，天才才能有所建树。”①

下面叙述的是我曾经的考研经历，这段文字摘自我2005年前后写的一份小自传。我相信，大多数读者曾经没有、将来也不会去考硕士研究生，这只是我个人的一段独特人生经历。虽然我们的人生路径不同，但是，我们的向上，我们的追求是相同的。

接下来，让我们一起，感受艰难，感受执著，感受力量，感受梦想，感受人生。

…………

如果现在还算有一点“成绩”的话，那么，“成绩”来之不易。

就拿考研来说吧，这对任何人而言，都是一个前途光明、充满希望，同时又是一个饱含痛苦、需要付出代价的过程。

校园里流行这样一句话：保研的过的是猪一样的生活，找工作的过的是狗一样的生活，考研的过的是猪狗不如的生活。但是，对我而言，考研尤其艰难。

主要的障碍是英语，因为基础不好，大学四级英语水平都没有，而英语是考研的关键，因此，在备考的日子里，大量的时间我都花在了英语学习上。记得1999年，我买了一本《2000年考研英语词汇必备》（以下简称《英语》书），16开的大本本，480页，翻开一看，只有大约10%的单词认识，20%的似曾相识，70%的单词从未见过。

为此，我把《牛津词典》仔仔细细逐页翻了一遍，并对照那本《英语》书在上面作了详细的标注。就那两年的时间，我把那本书反反复复看了20遍以上，在此基础上，我的英语水平上了一个大大的台阶。凡是看过我那本书（见下图）的人，无不为其中的注释及其因翻阅次数之多所具有的文物感而惊叹不已。

---

①［德］卡尔·雅斯贝尔斯著，邱立波译：《大学之理念》，上海人民出版社2007年版，第151页。

考研《英语》书，这本书负载了我人生的执着、艰辛、欢乐和梦想，
是我生命历程的动容注脚。

那几年，大部分业余时间我都是在中南财经大学的教室中度过的（我的单位和我的住处离财大都不算远，骑自行车只需要一刻钟左右）。特别是1998年到2001年初的两年多的时间里，每天下班后就在街上吃点快餐，然后匆匆赶往教室上自习。时间一长，看到快餐就恶心。于是变换花样，今天8个汤圆1个烤红薯，明天一碗牛肉粉，后天喝碗莲子汤加一碟烧梅……某一日换了一个地方吃饭，或许饭太硬，晚上睡觉时肚子疼得要命，大半夜都没睡着觉。

后来，在财大弄了一张饭卡，周六周日就在学校食堂就餐。有一次为了换换口味我吃了一大碗面条，刚一吃完，两个生理反应同时袭来：肚子很胀，肚子很饿，因为里面没有多少油水。

有时中午休息不好，下班后仍拖着沉重的脚步走向教室，看书时效果倒不错，但走出教室时有时感觉自己眼睛都快睁不开了。

那两年，因为长期复习，精神紧张，我患了皮肤病。

1999年底，我想去试一下次年初的考研，摸摸底。考前一个月由于专业书一遍都没看完，而我们单位（国际业务部）管理方式类似于外企，一人兼多岗，工作特别忙，不可能请假复习。于是，我跑到医院要求医生开了一张住院单以便复习（其实，病情远没有到住院的程度）。在里面呆了半个月，天天挨针。我也曾对医生说了我的真实情况，建议不要打针吃药了，我掏住院费就行了，因为在里面医治了两天身上就不痒了。医生说，那怎么行呢？我们用一些康复药给你保健保健……

2000年是我的考研决战年，由于神经高度紧张，那一年，特别是夏天，皮肤病相当严重，浑身到处痒，几乎每周我都要进医院拿药。

于是，那年秋天，我找了这个借口，对单位领导说，现在皮肤病已经严重影响到我的日常生活，我姐姐是医生，她说重庆那边湿气那么重我原来都没有得过皮肤病，反而在武汉得了，她建议我回重庆找一个老中医好好调养几个月——关于我的皮肤病，考研之后，不药而愈，当年的皮肤病主要是由于心理因素造成的。

在我的说服下，2000年10月初，我请了病假，躲进了财大徐志持老师的单身宿舍闭门复习。因为财大门口是我们单位车辆外出办事的必经之路，因此，我准备了一个口罩、一副墨镜和两套有帽子的新衣服。一旦因事外出，我就全副武装。每周末我晚上回寝室洗澡并拿换洗衣服时，也不敢开灯，害怕被同事发现。

人区别于其他动物的一个重要特点就是人的社会性。在那三个月的时间里，不敢和同事联系，又没有时间去找熟识的朋友玩耍。休息时内心的孤独和落寞刻骨铭心，真应了那句俗语所说的，“如人饮水，冷暖自知”。

而2000年的冬天，武汉又是一个暖冬，半夜睡不着，天亮时又睡不醒，闹钟闹了半天眼睛才勉强睁开。为了保证复习效果，有时被迫服用安眠药来调节睡眠。

还有许许多多的夜晚，在返回宿舍的途中，我骑着那辆破自行车，打着雨伞在风风雨雨中一路颠簸……

在那两年多的时间里，单位——教室——宿舍成了我生活的全部内容。

2001年1月12日，当年全国硕士研究生统一考试的前一天，我晚上11点钟上床休息，但我翻过去翻过来，就是睡不着，头脑相当清醒，一直持续到早上闹钟响。13日晚上如此，14日晚上还是如此。也就是说，我连续三天都没有一分钟睡着觉。但奇怪的是，答题效果丝毫没受到影响，而且记忆力特别清晰。

15日，考试的最后一天。上午11：30，当我轻轻松松地答完最后一门试卷，从武汉大学[①]5号教学楼走出考场的时候，两年多的欢乐和痛苦，两年多的执著和艰辛，化作无法遏制的泪水，夺眶而出，然后仰面长泣……

那一年，我31岁。

事后，我和认识的几个一起考研的本科学生吃饭，我谈到我的感受，他们很奇怪，说他们没有想哭的感受。

我说，你们是学生，从小学、中学、大学一直读上来，过惯了学生生活，基础也不错，读书是你们的职业。而我呢？

第一，英语基础差，花了大量的功夫。

第二，我在银行过着相对养尊处优的生活，回头再来吃这种苦，落差大啊，好比你们一直在吃蔬菜，从未吃过肉，所以觉得蔬菜很不错。可我现在吃

---

① 那一年我报考的是武汉大学社会学专业，当时的计划是，考取硕士研究生之后，待完成学业要么通过GRE考试到美国攻读社会学博士学位，要么继续在国内攻读社会学博士学位。之所以选择社会学专业，是因为在考研时学习英语，看到“社会学”的英文单词“Sociology”，书中是这样解释的：“社会学论及的是这样一些范畴：犯罪、贫穷、结婚、离婚、教会、学校等等”，我觉得特别有兴趣，也就是说，当时硕士专业的选择完全是基于自己的爱好。遗憾的是，近三年苦行僧似的考研生活并没有收获预想的结果。因为年龄的原因，我听从了中南财经政法大学肖翠祥老师的劝告，不再考研，选择了在职研究生学习，并于2003年6月在中南财经政法大学以同等学力身份获得了硕士学位。

了这么多年的肉，回头只能吃蔬菜，所以苦啊！

第三，我们单位没有任何人知道我要考研，我要承受很大的内在压力（我的同事最终是通过《感恩书》里只言片语的描述才知道我那段考研经历的）。

还有，我白天辛辛苦苦地工作，晚上才能偷偷地来看书，而你们是整天整天地复习，时间比我充裕得多，所以相对轻松。

那段考研经历，无疑是我人生的一笔财富，它对于我一生的意义，无论怎样估算我想都不过分。

从那以后，只要是与之相联系的情结，我总是无限感怀。比如，我躲在财大看书的那段时间，在食堂吃晚饭时某个电视台天天在播放《康熙微服私访记》，所以，直到现在，只要听到那首主题曲，我总是会情不自禁地想起那段可歌可泣的考研岁月。

人之一生，总有一些东西，是岁月永远也消融不了的。

我今天的状况，离不开这些年的坚持不懈。因此，成就梦想，需要坚韧的毅力和吃苦的精神。

因为在职博士后学校不提供博士后公寓，我每次去厦门大学都是在校内租房居住。为卫生起见，每次往返厦门大学，我的行李都特别多，一般都有四大包日常生活用品。2010年6月下旬，因福建暴雨成灾，铁路中断，我只得改乘长途大巴回顺德。为了省钱，我没有坐出租车，我把四大包行李拖到校门附近的公交车站，再乘公交车到了厦门市湖滨南长途汽车站对面以后，又拖着四大包行李上天桥、下天桥，然后进站候车。那时天气很热，当我汗流浃背地拖着所有行李上了长途大巴以后，车内的空调一下就把我全身的汗水凝固了，我没有觉得苦，相反，我很满足，因为有近两个月在厦门大学的收获。

那时，我已经满40岁了。

写到这里，我想起了在网上看到的一句话：要有最朴素的生活，要有遥远的梦想。即使明日天寒地冻，路遥马亡。

2011年5月14日晚上，厦门大学。劳累之余我点击进入了一位朋友的QQ空间。打开其QQ日志，里面一行一行地摘录了《掌声响起来》的歌词：

孤独站在这舞台
听到掌声响起来

我的心中有无限感慨

…………

我就看了三行，眼泪瞬间夺眶而出，大概持续了十多分钟以后我的心情才渐渐平息下来。《掌声响起来》触动我的不仅仅是歌词，还有那些我无法和别人分享的岁月……

和大多数人一样，从小至今，我没有任何可以依靠的背景，一切全靠自己的努力。这些年来，除了睡觉，大多数时间我都在为自己所钟爱的理想而奔忙。在我既往的生命历程中，那些坎坷、那些辉煌、那些孤独、那些骄傲……无一不让我热泪盈眶。我觉得我就像那些以三步一个等身长头丈量大地的方式前往拉萨朝圣的藏民一样，一直在简单、执著而又幸福地追寻一条通往自己心灵的道路。

马克·吐温说："谁没有蘸着眼泪吃过面包，谁就不懂得什么叫生活。"

对每个人而言，生命中总有那么一些艰难的时刻、一些艰难的时段，需要我们艰难地面对，如果我们的生命没有留下一些让自己热泪盈眶的日子，我们生命的色彩注定是黯淡无光的。

成功就是简单的事情重复去做，以这种持续的毅力每天进步一点点，当成功来临的时候，您挡都挡不住。

很多曾经考过硕士研究生的都感叹考研不易。考研其实很简单，真的不难，那么众人眼中的考研之难难在何处？难就难在能否坚持。即使是在校本科生，也要至少坚持一年，在冬夏春秋舍弃一切娱乐活动，一心一意备考，很多人就是坚持不下去最终选择了放弃。

如果耐不住寂寞，您就看不到无尽的繁华。

阿里巴巴集团董事局主席马云说："我永远相信只要永不放弃，我们还是有机会的。今天很残酷，明天更残酷，后天很美好，但绝大部分是死在明天晚上，所以每个人都不要放弃今天。"

五、要接受挫折，要敢于面对挫折

2007年9月10日，教师节。这是我2007年8月底到顺德职院报到以后第一次给学生上课，没想到遭到了迎面打击。

因为是新老师，学校的一位督导来听我讲课。上课时，看见前面两排没有学生，我就从讲台上走下去，背靠第二排的桌子，用激光翻页笔，一边对着学生，一边对着投影屏幕讲课。

当时督导在我们学校权高位重，下课时，我小心翼翼地问他："督导，我的课讲得怎么样？请指点一下。"没想到督导说："讲得太差了！"他接着说："哪有老师像你这样上课时不站在讲台上的？"我想，大学，没必要像中小学那样规规矩矩呀。再说了，我的经历告诉我，在大学这样上课再也正常不过了。也许，这是一所职业技术学院，和其他大学的规矩不一样吧。

于是，我谦恭地问督导："是不是讲课时只能站在讲台上不动呢？"督导对我的想法嗤之以鼻："你这个人悟性怎么这么低呢？!哪有老师上课站着不动的？"接着他继续说："讲得太差了！"

这么一棒接着一棒地训斥，我战战兢兢地求教道："督导，您能否指点一下，我哪些地方讲得不好？"

督导说："你压根儿就不知道应该怎样给学生上课！"督导这么一说，当时吓得我直冒冷汗。我想，这些年以来，我一直以为自己很适合教书，没想到会是这样。

我畏畏缩缩地谈了自己的真实感受："这样啊，我刚才讲课时还自以为讲得不错呢。"这绝对不是自夸，更不是嚣张，而是对他人抨击自己之后的一种本能的自我肯定。

督导一听，当即指责："什么？你自以为讲得不错？那我告诉你吧，我来这个学校四年了，听过三百多个老师讲课，你是讲得最差的！"

我显然怀疑我听错了，于是进行了追问："是我吗？"督导点头确认："是的，就你最差！"

当天下午，学校召开教师节庆祝大会，散会后在路上我又碰到了那位督导。我低声下气地对督导说："督导，您看什么时候方便，我去您办公室，您帮我指点一下，我想知道我到底哪些方面不符合教书的要求。”

督导手一扬：“讲得太差了！你去听听其他老师的课吧！”

督导的责难，应该说是对我从教职业信心的摧残。尽管如此，因为正式上课之前我听过几位老师的上课，我有对比，我相信我肯定不是那位督导所说的“全校最差的老师”，我觉得那位督导的“督导”方式和处事态度明显有问题。

后来的事实证明，那位督导确实有问题。

那时，我们学校每三位督导同时管理几个院（系），我们一位李姓老师给我讲了她听来的那位督导在其他系进行督导的两件事。

一是在医学系，一位兼职老师（医院医生）给学生上课，当时的报酬大概是每节课100元。那位督导听完了一节课后对医生说：“我告诉你，我们学校的钱不是那么好骗的哟。”那位医生很生气：“我来上课有报酬，这是事实，但我来上课肯定不是为钱而来，更不是来骗钱的。既然你这么讲，那以后你来上，我不来了！”那位医生丢下书就离开了，从此没有再来做兼职老师。

还有一位老师上课时，内容讲到一半，那位督导站了起来当着全体学生的面羞辱他：“喂，你怎么能这样讲课呢？”我想，即使那位老师上课真的很差，那也只是水平问题，不是态度问题，但人是有尊严的。督导的为人处世方式让人叹息。

这两件事的细节我没有核实过，根据我的亲身经历，我相信这两件事不会是随意编造出来的。很多被他“督导”过的老师都有意见，两三年之后，这位督导离开了我们学校。

应该说，在这件事情上，无论是顺德职院，还是督导制度，都没有问题。在顺德职院，在我的教学成长经历中，我觉得督导制度对于提高老师尤其是新老师的教学水平还是有帮助的。我所遭受的打击应该归咎于那位督导个人，因为另外两个张姓督导都很不错。

社会不是真空，每个人的为人处世和想法都不一样，在任何地方，在任何团队，都有大家公认的不可理喻的人，类似那位督导的人也无处不在，他们情商很低，骄横跋扈地影响着我们的情绪和生活。

人生有两个世界，一是现实的俗世界，一是理想的真世界，此两世界该同等重视。失败可能让您感到沮丧，但永远不要感到绝望。《哈利·波特》的作者罗琳说：“生活是艰难的，复杂的，任何人也不能完全控制。谦逊地懂得并接受这一点，会帮助你安然度过生活中的风浪。”

因此，我们要能够接受挫折，善于接受挫折。有人说，人生就像心电图，一帆风顺就说明您挂了。

在我们的一生中，我们注定会经历很多艰难和挫折，不少挫折的产生与我们本人没有任何关系，就如同我遭遇那位督导打压一样，尽管如此，我们还得为别人的荒谬“埋单”。

所以，我们在正视现实的同时，千万不要放弃自己的梦想。

六、每个人都可以在梦想中拥有幸福人生

梦想源自热爱，热爱植根于自由心性，每个人都应该按照自己的个人心性去追求人生的幸福，这是高情商的表现之一。

相反，那些自卑、懦弱、自我意识消极的人，他们情商较低，认为命运是由环境、机遇和他人所控制和摆布，是外部那些错综复杂且难以预料的力量主宰着自己的一切，他们不能选择和驾驭自己的生活。

下面，我们从以下四方面对前面所谈的梦想进行进一步的解读。

（一）梦想与学历无关

我的励志故事听上去有点恢弘，因为生活是粗糙的，并不会总是那么富有诗意。您可能会觉得有点遥不可及，其实这只是个性不同、职业规划不同而已，没有微宏之分。

或许您认为：“你是博士，所以才会有这么大的梦想，我学历不高，怎么会有那么大的梦想呢？”截至2012年底，中国仅博士后就有近7万人，博士就更是不计其数了。有多少博士有梦想？

所以，您要忽略我的博士身份，我的梦想其实与我的学历本质上没有多大关联。我读博士，仅仅因为我正好喜欢和适合做学问，兴趣点碰巧在学问这里而已，我的经历只是给您提供了一个可以选择的范例，完全没有鼓动您往高学历道路上奔忙的意思。即使您不爱学习，比如前面所述的李保田、李想，只要您能够遵照自己的感觉，勇于追求自己的梦想，同样能够走出一条不平凡的人

生之路。

下面，我们来看一个学历“层次”不高的高职（大专）毕业生的人生梦想和实现路径。

一位出身贫寒的江西农家子弟，既没有耀眼的海归背景，也没有雄厚的资金实力，却一飞冲天，以230亿元的身家位居2008胡润百富榜第五名，这个只有33岁，名叫彭小峰的年轻人所领导的企业赛维LDK现在已经成为世界上最大的太阳能硅片生产商，在2008年中国制造业寒冬到来之时，其订单已排到了2018年……

1993年，凭着在江西外语外贸职业学院所学的半吊子英语，18岁的彭小峰成了江西吉安外贸公司的一名业务员，但他的商业禀赋迅速展现出来，最终他发现光伏行业的潜力最大……

他毫不掩饰自己的野心——“婴儿最容易做梦，我们就是要做成光伏行业的领袖公司。”[①]

因此，无论您学历高低，发掘您的天性和潜能，每个人都能成就不凡的人生，就像彭小峰那样。

（二）在平凡的岗位上怎样自我激励？

如果您认为我的梦想、彭小峰的梦想有点大，大多数人的生活和工作都是现实而平庸的，怎么进行自我激励？

没错，大多数人的生活和工作的确现实而平庸。比如，公交车司机，这是一个平凡、单调而枯燥的工作，一如我们大多数人朝九晚五的生活。就是这样一个平凡的岗位，您依然可以有梦想。比如，如果您梦想成为这个城市最贴心、最温暖、最感动人心的公交车驾驶员，那么，用您的热情，用您的真诚，用您的创新，去追逐您的人生方向，同样能够实现人生价值，收获幸福满满！

因此，您可以梦想成为中国最具职业操守的房地产商；您可以梦想成为本地最受百姓尊重和感念的医生；您可以梦想成为本市最优秀的历史老师；您可以梦想成为本市老百姓最贴心的公务员；您可以梦想成为本市最受当事人欢迎的律师；您可以梦想成为本市口碑最好的婚庆主持人；您可以梦想成为本市最

---

① 曹海东：《能源首富彭小峰：“太阳”升起》，《南方周末》2008年10月9日。

受人尊重、最受人欢迎的修鞋匠；您可以梦想成为本地区最贴心、最尽职尽责的保安；您可以梦想在大学期间通过博览群书成为一名视野开阔、学业优秀的大学生……

厦门大学博士后管理办公室的罗俊峰老师，是我人生阅历中一个难得的、对工作相当负责、相当有激情的老师。

罗老师为大家开了一个QQ聊天群，方便大家交流。尽管她工作相当繁忙（她有时会在QQ群里告诉大家她在忙什么），但她每天对各位博士后在QQ群上的各种问题——有些问题在我看来根本就不是问题——有问必答，而且非常耐心，没有任何怨言和不满，受到大家的衷心拥戴。

在这里，我截录了一个聊天记录片段，以此立证：

时间：2012年10月26日
物理－汪某　9:35:22
早晨好！罗老师，博后证书到了厦大吗？谢谢。
博后办－罗俊峰　9:40:41
证书没到
博后办－罗俊峰　9:40:44
我问问北京
博后办－罗俊峰　9:40:46
你着急需要吗
物理－汪某　9:49:39
我出差到厦门，想顺带，呵呵。
物理－汪某　9:50:23
不着急，真打搅了
博后办－罗俊峰9:54:55
我现在问问哈
…………

看到她在QQ群中那么热情而周到地为大家服务，常有认识她的和不认识她的博士后（我也只是在办理出站手续时见过她一次），在QQ群中表达对她由衷的赞美和祝福。尽管她的工作相当平凡而琐碎，但是，我相信，因为热情、因为有成就感、因为这种简单而朴实的工作梦想，她无疑是幸福的。

生活本身是充满意义的，我们要学会追寻生活的意义。

因此，每个人都可以在各自的本职岗位上，或者换一个更适合自己的岗位，积极向上，学会自我激励，做得得心应手，做得出类拔萃，从而赢得顾客尊重、同事刮目、领导信任，这也是一生莫大的幸福。

（三）简单而满足地活着，同样也是一种幸福

生活中，不少人没有什么大的梦想，对于他们来说，在漫长的人生岁月，平平淡淡就是他们的生活梦想。他们只想过简简单单的生活，做一些让自己开开心心的事情。也许，这样的梦想更接近生活的本质，因为平凡的生命才是真实生活的底色。虽然，他们没有“大”的志向，但身处世俗的社会，他们能够淡然享受生命中的这份欢悦。他们健康，他们快乐，他们温暖，这种生活无疑是一种至纯至美的境界。

2012年暑假回家，我问已经82岁的老父亲：“爸爸，我们给幸福打分，如果觉得最幸福给100分，最不幸福给0分。你现在给自己的幸福状态打个分吧，比如90分、80分、70分等等。多少分？”思维依然清晰敏捷的父亲脱口而出：“100分！”

我父亲一生种田，直到现在还在农村成天收拾家务，也谈不上有什么大的梦想，但他无疑是真正幸福的。

但是，很多人并不能满足这种简单而又平淡的生活。因为除了天性恬淡，它更需要定力和智慧。很多时候，这应该是努力奋斗多年之后才能达到的境界。在城市化、工业化的时代洪流裹挟下，绝大多数人的欲望远没有“甘于平淡”那么简单。

一个最简单的例子，我们所有的家长都认为孩子的快乐和健康是最重要的，但如果孩子的学习成绩不好，我们以“前程”为名，给了他们多少脸色和责骂？如果孩子学习成绩不错，我们又以“更美好的前程”为名，在寒暑假剥夺了他们多少快乐和健康？

所以，如果您选择平淡，您就不要抱怨生活，应该知足常乐。否则，您就应该努力进取，穿越梦想，去追寻那与众不同的人生，从而在自我激励中寻找生活的意义和快乐。

事实上，追求有梦想、有意义的生活对于幸福而言十分重要，因为它有利于我们从各种令人不快的生活纷扰中走出来。

（四）释惑：在相信自己和审视自己之间

讲到这里，可能您有一种疑惑：在“学会自我激励”这部分，我谈到“您什么都能做！”；但在前面“认识你自己”那部分，我谈的却是“我是谁？”“我能做什么？”，到底哪一个更加真实可信呢？

“您什么都能做！”，这是鼓励您勇于尝试，并因势而为：要相信自己！

“我是谁？”、“我能做什么？”则是棒喝，阻止您扬短避长、贸然作为：要审视自己！

两者看上去矛盾，其实泾渭分明。

美国著名神学家雷茵霍·尼而尔（Reinhold Niebuhr）有一句对上帝的祈文：“上帝，请赐给我宁静，接受我不能改变的；请赐给我勇气，改变我所能改变的；请赐给我智慧，让我辨别哪些是能够改变的，哪些是不能改变的。”①

因此，情商的提升是一种人生智慧，需要自身感悟。比如坚持，英雄豪杰都有一个特性：坚持，不达目的誓不罢休，成功的人都具备这个特点。但颇具意味的是，失败的人也具有这个特点。大概是因为物极必反，因为坚持的负面就是固执，坚持既是优点也是缺点。所以，我们发现，在生活中，有的人在应该放弃时仍在执著，有的人在应该执著时却放弃了。

怎么办？

应该放弃时我们要勇敢放弃，应该执著时我们要依然执著。生命就是在不断尝试和感悟中向前推进，从而不断靠近通往您心灵的道路，进而达到人生的幸福。

---

①［以］泰勒·本·沙哈尔著，倪子君、刘骏杰译：《幸福超越完美》，机械工业出版社2011年版，第220页。

第五章

学会换位思考

工作、学习和生活中，您无意中“冒犯”了您的朋友、同事和顾客等，可您竟然毫无察觉。也正因为如此，有时您感觉对方对您的态度发生了明显的变化，可您实在不明白在什么时候，在哪个地方，因为什么事把对方给“冒犯”了。

这个时候，我们需要提高换位思考能力。

一、换位思考即善解人意

换位思考在心理学上称为“共情”，即理解并认同别人的处境、感情和动机。通俗地说，换位思考即是指善解人意，这是有效沟通的关键。

记得妻子跟我说过，在产房她阵痛了三个小时才把小孩生下来。孩子出生后她对助产士说：“真不好意思，弄得你们这么辛苦，给你们添了好多麻烦。”助产士则说：“你已经算很不错、很勇敢的了，生孩子嘛，本来就很疼。”助产士这种善解人意的回答让我妻子感到很温暖。

相反，同事不和、上下级不和、夫妻不和等，多半是没有设身处地地为他人考虑，或者说没有理解对方的结果。

比如，男女有别，因而也有着不同的情感需求，但人们常常无视这一事实。一般而言，女人深爱着男人，就可能事无巨细，处处为对方着想，询问他的大事小事和点滴感受。女人认为，这样就是尽到了责任。然而，过分操心，只会让男人心烦意乱。他觉得被女人时时控制，大有窒息之感，由此格外渴望独处。这让女人惶惑不已：假使她得到这样的爱，她感激还来不及呢，而男人却偏不领情；她一心一意地为男人服务，尽可能多地关心他，而对方却似乎视而不见，她的烦恼可想而知！①

因此，这个世界上所有的路，唯有心与心的路最难走，正所谓理解万岁、知音难觅，所以理解彰显可贵。理解难，被理解也难，但理解是一切感情的基础，正是理解使表达有了意义，使分享成为可能。如果我们善于换位思考，善于理解他人，将大大丰富我们的人际关系。

如果一个人不会换位思考，往往给人以不通情达理、不可理喻、不近人情的不良印象。

比如，深圳一家公司有50人，由于夏季为业务淡季，所以，公司规定员工的年休假只能安排在7月或8月。

您是本公司唯一的一个夫妻分居两地的员工——您在深圳，妻子在北京，夫妻之间聚少离多。妻子今年将生小孩，预产期是10月份。天下所有的女人都希望生孩子时丈夫陪在身边，于是您向公司领导（正好是女性）请示，称情况特殊今年年休假能否移至妻子生产期间。领导不同意，说其他同事知道了不好，都想这样按特殊情况处理以后还怎么开展工作呢？

相信您对上司的态度一定感到很难过，您会想，她怎么这么不通人情呢？同样是女人，她就不能体谅一下女人生孩子时希望家人在身边的渴求吗？在生活和工作中她自己碰到类似的困难，她难道不同样希望别人理解吗？

应当承认，人都是有局限性的，都是从自己的知识、经验、方法、习惯等对一件事情做出自己的判断。

2012年下半年给2010级工商企业管理专业上课，每周有一次课安排在星期一上午一、二节课，我发现迟到的学生很多，有的甚至迟到了15分钟还不急不忙地走进教室。

为了警示他们，从某一次课开始，只要上课铃声一响我就开始点名。后来一位学生给我发来了这样一条短信：

老师，您可能觉得我们工管班每次早上迟到的人太多，但是请您也为我们

---

①［美］约翰·格雷著，于海生译：《男人来自火星，女人来自金星》，吉林文史出版社2007年版，第144页。

考虑一下。因为学校学生多，饭堂吃早饭的人又多，路上车多人多，已有好几个同学在路上发生意外。有一次，为了不迟到，我拼命地跑，跑得气都快断了，要命！

要是您放宽10分钟，就能让我们的人身安全得到保障。

相信您看到这条短信会哑然失笑。这位同学，说得貌似有理，但他没有想过，学生的职业是读书，既然规定八点上课就应该八点前到教室，如果觉得时间很赶，他完全可以早点起床用早餐。

他不能从自身的角度反思，反而让老师迟延十分钟上课，这就是因其自身的局限性导致未能换位思考问题的结果。

生活中，我们还会碰到类似情景：听到一首歌，觉得太好听了，因为适合自己的心境，推荐给朋友听，结果朋友无动于衷，您会奇怪，这么好听的歌他怎么会没有感觉呢？其实，这很正常，因为人家没有您类似的经历和心境。

还有，出现问题时，我们得出的都是“我认为……”“我觉得……”“我希望……”等带有主观色彩的结论，这种结论，无疑包含着个人的偏见。

比如，对于业绩和待遇，老板会认为，员工努力工作，自然会有好的待遇，回报和付出是成正比的。什么都没有做就想得到好的待遇，那是不可能的：待遇是工作的回报。

但同样的问题员工会怎么想呢？他会这样理解：没有好的待遇，傻瓜才会拼命工作！付出和待遇是成正比的。什么都不想给就希望我们卖命，那是不可能的：待遇是工作的激励。

网上看到一个段子，笑过之后，同样值得我们深思：

一位婆婆对邻居说：我那个媳妇好吃懒做，很少做家务事，经常睡到中午，东西还让我儿子送到房间给她吃，真是太过分了！

邻居接着问她：你女儿嫁得还不错吧？

婆婆说：嗯，嫁得好啊，她算是碰到一个好人家！夫家一家对她都很好，她平时可以睡到自然醒，起床晚了女婿还会煮东西送到她房间去。夫家请了一个全职保姆，所以她基本上不用做家务事，假日她还到处玩呢。

正是由于不同的环境，不同的身份，不同的思考方式，决定了思考角度的不同。当隔阂与矛盾来临的时候，我们常常只会抱怨，指责他人的错误。其实冷静下来，当您设身处地地为别人着想，多从自身找找原因，怨气消了，矛盾也就迎刃而解了。

换位思考是一种交换，您理解别人，别人也会理解您；您给别人带来快乐，别人也会给您带来快乐。

人的智慧来自两个途径，一是感悟，二是反思，而后者往往孕育着大智慧。

工作中司空见惯的现象是：有的同事常常在私下抨击领导，说领导太不把员工当一回事了，从来不会为下属着想。后来同事也做了领导，他照样很少为下属员工考虑。这种情况在我的人生阅历中就经历了不少。他们不会反思，他们在任何位置都会以为自己是道德和正义的化身。同样，有的同事总说别人为人太自私自利，其实他自己在别人心中就是一个典型的自私自利之徒。

您想让别人怎样对待您，您就应该怎样对待别人。同样，如果您不希望别人这样对待您自己，自己就不要以同样的方式对待别人。这个原则也是《圣经》中的道德戒律。西方伦理学认为它是最基本的也是最重要的道德准则，故称“黄金律”。

先说“您想让别人怎样对待您，您就应该怎样对待别人”。

2013年暑假，湖北省工行国际业务部的一位老朋友给我电话，说他们夫妻俩要请我们一家三口（他不知道，小孩出生以后，岳母从老家赶来和我们同住，以照顾小孩）吃饭。妻子说，妈妈带孩子很辛苦，平时也很少有机会在外面吃饭，到时和我们一起去吃“大餐”。我说，就让妈妈自己在家吃吧。妻子问我为什么，我说，你想啊，如果我们请朋友吃饭，人家把他妈妈带上和我们一起吃饭，我们什么感觉？肯定不自在。因为有一个不熟悉的长辈在旁边，我们说话肯定不像和朋友说话那样随意，还得讲讲老人感兴趣的话题，以表达尊重，这样的话，双方一起吃饭聊天就感觉有点累。妻子一听，觉得有理，就照办了。

再说“如果您不希望别人这样对待您自己，自己就不要以同样的方式对待别人”。

一位女同事，尽管她在QQ上加了我为好友，但因为不欣赏她的为人处事风格，所以很少主动和她交往。有一天，因为要提醒她一件与彼此相关的公事，我只好在QQ上给她留言，但她没有任何回应。

半个月之后的一天早上，她在QQ上问我是否在线，晚上看到留言以后，我也没有理会她。

又过了半个月，我们碰面了，她一开口就说："为什么我在QQ上留言你不理我呢？即使你当时不在线，你事后看到了也应该回应我啊！你这样对我，我真的好心痛，好难过！"

也许我的做法伤害了她的自尊，我发现她说话时声音有点变调，而且眼泪都快掉下来了。我当时很吃惊，我说："一个月之前我不是也给你QQ留过言吗？你也没有理我呀，我以为你不在乎回复呢。再说了，你知道，前些日子我天天忙于培训，白天没时间上网，晚上才看到你的留言，我知道你晚上要带小孩，基本上不会上网，所以才没有给你回复。"听了我的解释，她立马恢复了平静，并改口道："没什么，我刚才是开玩笑的。"

显然，这是假话，因为一个人的眼泪往往是发自内心的。

说完之后，她托我给她办一件事，当天下午，事情办完之后我给她发了一条短信，说明了相关情况，她依然没有对我的短信做任何回应。

显然，学会反思，需要有一颗敏感的心。

截至2013年底，顺德职院600多名专任教师中，获得博士学位的仅有39人，我2007年来到顺德职院的时候，博士更少，不超过10人。

因为博士少，绝大部分老师称呼我为"刘博士"或"刘博"，当然，也有极少数老师一开始就直呼我"刘宗劲"，我同样习惯。我一直发自内心地认为，博士真没有什么了不起，因为我接触过太多博士。我常以自嘲的方式对学生说，现在的博士就像早些年农村的狗屎一样，到处都是，不值得炫耀。所以，我的名片上面从来就没有标注过——今后永远也不会标注——"博士"头衔。

在进校三年左右，我认识了本校机电系的龙姓老师，重庆大足人，和我是老乡。他每次在食堂见到我就打招呼："刘博士！"尽管他也是博士，但我认为"博士"这个称呼太俗了，所以，每次我不是以"龙博士"进行回应，而是以"老乡"进行回应，我觉得"老乡"更显亲切。

有一天中午，和我们经管学院五十多岁的郑老师在食堂吃饭聊天，她说："刘宗劲，我发现一个有趣的现象……"因为一直以来她都叫我"刘博士"，这次突然以"刘宗劲"相称，我觉得好别扭，感觉还是"刘博士"好听多了。

人真是一个奇怪的动物，尽管一直以来我对“博士”这个称呼不屑一顾，没想到，长期这样称呼我的人真改变称呼，自己心里还挺不适应的。

就在这一瞬间，我突然意识到，既然我喜欢听“刘博士”这个称呼，那么，老乡也肯定同样喜欢别人称呼他为“龙博士”而不是“老乡”，毕竟，我们都是俗人一个。

从此以后，我见到他再也没有称呼过“老乡”了，而是直接热情地以“龙博士”招呼。

一个人是否敏感，是判断一个人情商高低的标志，这也是换位思考的关键。

有一次，曾经的同事回来看望我们并请我们吃饭，除了几个要好的同事，还请了领导及领导夫人。同事离职出去以后“发达”了，所以，请我们近十人到了一家高档酒店并点了很多菜。

可能是酒店生意太好，我们都吃饱了还有两个菜没上，要求服务员退单，服务员却说菜已经下锅了。等了十多分钟，先端来一个菜，我们都说吃饱了，不想再吃了。领导夫人说，我们一人动一下筷子不就完了吗？于是，大家只得动了动筷子继续往嘴里塞。

最后端上来的一盘菜是鱼，领导夫人对大家说：“来，我们不要浪费，把最后这一盘菜消灭掉！”大家纷纷表示实在吃不下去了。领导夫人说，怎么能浪费呢？于是点名要求每个人都动筷子。其中一个女同事说自己太胖，真不能再吃了。领导夫人说，鱼不含脂肪，吃鱼不长胖的。在这种压力之下，我们又艰难地举起了筷子……

见领导夫人对我们这么热情，而她自己两次都没有动筷子，为了向领导夫人示好，我和另外一位女同事几乎同时给领导夫人夹了菜往她碗里送，领导夫人直摆手：“我不吃我不吃，我真的吃饱了，实在吃不下去了，还是你们吃吧。”

我当时很纳闷，既然您吃饱了不能再吃，我们也吃饱了同样不能再吃了，为什么非要强迫我们吃呢？

2013年春节前夕，母亲和姐姐从家乡到武汉呆了几天，并带了两块老家的熏肉过来，其中一块是大猪蹄。因为家里不方便切割，考虑到长期在附近一家大型超市某土猪肉摊位买猪肉和排骨，便到摊位对营业员说明了情况，问能否用她们的切割机帮我切割加工。她们说没问题，但需要和超市门口的服务员说一声。

2月5日上午，我带了两大块熏肉来到超市，对入口处的服务员说明了情况，服务员说不能进去，我问原因。她说："你带两块肉进去，怎么能保证你带出来的东西正好是你这两块肉加工出来的呢？"这种不信任顾客的说法让我不舒服，我说："那你和我一起进去，看着我切好了再拿出来行吗？"她说不行，她没时间。

这时，一个屁股后面吊了一个对讲机、看上去像一个小头目的人走了过来。看到我们在争辩什么，他冷冰冰地问那服务员："怎么回事？"我将情况对小头目进行了解释，他也说不行，原因是："这是你自家的东西，又不是在我们这里买的。凡是从我们超市带出去的东西，我们都要验购物票，你到时出来没有购物票我们怎么放你出去呢？"我说："制度不都是人订的吗？你们现在明明看到这是我自己带来的东西，摊位帮我加工以后，我拎着它出来没有购物票很正常啊，你为什么要死抠规定呢？"小头目坚持不让进，并说"我们只认票不认人"。

我想，都说顾客是上帝，这两个人怎么连这么一点小小的方便都不肯给"上帝"呢？于是我找到值班经理说明了情况，值班经理派了一个服务员跟随我进出才得以完成熏肉加工。

我们设想一下，无论是那位服务员还是那位小头目，当他们自己作为顾客碰到类似的遭遇，他们同样会觉得对方太不通情达理：购物时对您热情似火，不购物时对你冷若冰霜。

生活和工作中这种人很多，他们迷迷糊糊，对很多事情不敏感，完全不会以自己的相同感受为别人着想，这是低情商的表现。

在服务性公司或者政府机关，如果面对顾客（老百姓）的都是冰冷的制度，而少有人性化的温情举措，这个团队就是一个低情商的团队。

您还碰到这种人没有？只要有他在场，基本上没有我们说话的份。我在生活和工作中就碰到过这样的人，他们的倾诉欲望特别强烈，在大众场合基本上是他一个人唱主角，不会给别人发言的机会。他就没有想过，自己想说话，难道别人不同样希望有机会能够表达自己的意见和想法吗？

一位博士朋友多次向我抱怨其导师的高高在上。他说他经常给导师发送电子邮件，或请教汇报、或表达困惑，都与他参与的导师课题相关。之后，他会不断查看邮件是否有回复，因为他迫切想知道导师的态度和想法。但导师往往在几天之后才会回复，或者，很多时候干脆不予回复，他经常会为此感到不解和郁闷。应该说，这种渴望是人性的正常需求，因为导师的回复（态度）对他很重要。

朋友说，这几年每年春节都是大年初一才乘火车往家里赶。每次学校放寒假以后，他都会问导师什么时候可以回家，因为需要提前买火车票。导师每次都是草草回复“无法确定”，此后再没有音信。没有办法，他只好每次购买大年初一的火车票，然后在离开前一天再给导师发送一条短信，告之次日回家过年。而且，每逢节假日，他都会给导师发送祝福短信表达尊重，导师也从来不会回复……朋友说，同“门”的所有同学得到的“待遇”和他一模一样。

我们可以肯定，当那位导师自己向他的老师或者领导做同样的事情时，他同样期待对方的（及时）回复，但他就不懂得以自己当时的心情观照学生的期待。

其实，一个人的魅力并非来自于其外在的称谓，比如职位，比如年龄等，而是来自于其对他人的关注，来自于他是否真诚地让别人感到自己很重要。

海尔集团CEO张瑞敏说过，一个人成熟与不成熟跟年龄大小和职位高低没有关系。一个人是否成熟，就是看他能否站在对方的角度去看待事物，就是能不能把“我”的世界变成“您”的世界。成熟的标志，不是一个人会讲大道理，而是他开始去理解身边的小事情。

台湾大学林火旺教授对此作了这样的评析：“文明”与“野蛮”的分野在于是否意识到别人也是人，有没有把别人当“人”看待，而不只是当作自己的工具。所以目中无人、凡事只考虑自己利益的人，等于还活在蛮荒时代，他的文明程度有待提升。①

但现实生活中类似“野蛮”的领导还真不少，于是在网上看到有人发出了这样的感叹，即一个人一生中最大的幸福在于做对两件事：一是找对公司、找对上司；二是找对妻子或丈夫。当太阳升起时我们与上司和谐共事，当日落西下时我们与爱人真情相拥。

事实上，除了家庭，工作或学习也是我们生活状态非常重要的组成部分。仔细观察，有些人之所以在学习或工作中内心不自由，成天郁闷不堪，往往就是因为自己的上司（包括大学的硕士生导师和博士生导师）不通人性，不按常

① 林火旺：《公德心展现文明程度》，《南方周末》2012年11月8日。

理出牌，自己完全无法和对方沟通，因为对方情商很低，活在自己的思维方式中，根本不会站在下属（学生）的角度换位思考，只会以权势压人，这往往让下属（学生）倍感痛苦、煎熬和落寞。

一般而言，情商高的人，或者说思想和人格修养较高的人比较容易理解比他低的人，反之，则不是这样。

因此，要学会反思。人最难认识的就是自己，而每次自我反省就是一次自我解剖和提升，一次重新认识自己的机会。

这有点像画画，大家可能在现场或电视上看到过类似的场景：画家在画画的过程中偶尔会退后几步欣赏他的作品，看看接下来怎样画才能使它更有深度。

因此，平时我们要多检讨自己，看看有什么地方需要改进。

换位思考，关键在于内心的敏感，在于反思。否则，讲再多与此相关的道理都没有用。

下面，我们再看几个生活和工作场景中的换位思考案例，以作进一步的分析。

二、在换位思考中获得双赢

（一）家庭中对子女的共情教育

学会共情，学会换位思考，理解并接受孩子的情绪，这对孩子的影响意义深远。

我们先看学龄前儿童。按照瑞士心理学家皮亚杰的说法，学龄前儿童是一个单维度的人，他处于自我中心主义阶段，往往把个人锁在自我的世界中，不能完全把自己置于别人的地位上。[①]

在我家的小孩一岁半的时候，为了观察他的同情心，有一天我在沙发上摸着肚子作痛苦状，对他叫道："宝宝，爸爸肚子疼！"他在客厅跑来跑去玩耍，没有任何反应。于是，我又顺势滚到地板上"表演"，小孩依然没有跑过

① [美]H. 加登纳著，兰金仁译：《智能的结构》，光明日报出版社1990年版，第286页。

来安抚我。所以，学龄前儿童的行为处事不同于一个讲规矩的“人”。因此，我们不能按照成年人的思维对待小孩的所作所为，要多理解多体谅他们。

但生活中，下面这些类似的情况并不少见。一两岁的小孩哭闹不止，爸爸妈妈找不到原因无法阻止，这时他们可能会愤怒地高声叫道：“你到底想怎么样？！”还比如，五岁的小孩穿上干净的衣服跑出去，十分钟后回来时满身尘泥，有的父母会大声呵斥：“你看看你看看！刚换的衣服又被你搞成这样，小祖宗，你怎么还不懂事呢！”

如果家长总是以成人的视角，长期以粗暴的脾气和态度对待小孩，小孩的暴力意识和暴力倾向会明显增强。因为一个人长期生活在压抑、扭曲的环境中，他会不自觉地慢慢压抑自己健康的个性和性情，从而导致人格扭曲。

就好比我们成年人，如果我这段时间过得很不开心，很郁闷，我对您说：“我好难受。”您一般会通过询问和倾听表达体谅和同情，我的压力得到缓解以后我会感觉很舒服。相反，如果我说我内心很难受，您不屑一顾并且不耐烦地说：“谁让你自己这样难受呢？你肯定是自作自受！”——如果您长期在这种环境中工作，那么，您会变得自卑、易怒、情绪烦躁。

小孩之所以容易哭闹，不讲卫生，因为他终究是小孩。如果我们站在孩子的角度理解他、宽容他，他才会自信、健康、快乐地成长。

小孩上学以后，尽管他开始逐步认知周围的“社会”，对人际敏感性增强，但思考问题的方式依然简单。虽然他不会像成年人那样懂道理，但很多时候人性是共通的，他会像成年人那样去“感受”。

比如，孩子和一个同班同学关系相当要好，因为随父母搬迁，同学今天离别了学校，回家后孩子伤心地哭泣，您应该说“你最好的朋友离开了，这真让你难过”，而不是说“有必要这么伤心吗？班上同学这么多，不要哭了！找其他同学玩”。

两种陈述都不会带走朋友离别的痛苦，无论选择哪一种方式小孩都会依然难受。但前一种陈述告诉他，他所拥有的感觉是正常的和重要的，这无疑示范了情商意识，让他明白他的所想所感是有意义的。小孩子们无法以一种复杂的方式考虑事情，但是他们的心灵会像海绵一样吸收父母给他们的滋养。①

① [美]特拉维斯·布拉德伯里、琼·格里夫斯著，戴勇、刘琛译：《发现你的情商》，电子工业出版社2006年版，第139页。

您通过这种方式教孩子如何处理感觉无疑会塑造他的健全人格。相反，如果一个孩子总是得不到家长的理解，内心无法满足，那么，长大以后，他只会关注自己。

在这里，我要提及我的父亲，30年前一段与宽容和良善相关的经历。

我的母亲没有读过书，做事也从来不讲道理。1984年，农村土地已经包产到户。那一年（我初中一年级）暑假，考虑到我年岁渐大（14岁），父母开始让我和他们一起收割自家的稻谷。

在收割稻谷时，既要忍受烈日的暴晒，还要提防水里的蚂蟥叮咬；既要忍耐稻草对皮肤的瘙痒，还要备受收割稻谷时不停弯腰抬头所导致的腰酸背疼。加之毕竟年幼，干了一天之后，第二天干了两个多小时，我实在无法忍受，要求回家，回家给他们做饭。对此，母亲毫无道理地开骂起来。父亲则对母亲说："他年龄太小，又是初次干这种农活，确实很难吃得消，还是让他回去做饭吧。"我当时非常感动，因为我确实不是偷懒不愿意做，我确实是身体吃不消。

父亲的体谅，给我幼小的心灵打下了深深的烙印，让我感恩一生。

而且，这种宽容，这种良善，从此在我心中生根、发芽，让我学会了尊重他人，关怀他人，并由此体味到从中获得的美好和快乐。

（二）生活中的换位思考：在乎别人所在乎的

几位在广东的初中同学，多年未见。2012年联系上以后相约在其中一位男同学所在地广东中山市相聚。

当年6月的一天下午，我们两男一女一行三人一同前往。晚上吃饭时，热情的主人说饭后安排我们去唱卡拉OK。待主人去收银台付款之际，我们三个人都说现在对唱歌没什么兴趣，等会儿向同学建议不用唱歌了，聊聊天叙叙旧就挺好。

没想到，那位同学热情而固执，说这么多年没见面了，好不容易在他乡相聚，应该好好玩玩，一定要去唱唱。没办法，客随主便，饭后我们跟着他去了歌厅。进了歌厅我们发现，那位男同学很喜欢唱歌（所以，他理所当然地认为我们也喜欢唱），他也不断地鼓动我们点歌。尽管我们不热衷于唱歌，但为了不让主人扫兴，我们只得耐着性子点唱。

更要命的是，晚上十二点钟从歌厅出来之后，主人又要拉着我们去吃夜宵。我们都说不饿，因为不但晚饭吃得很饱，而且唱歌时又吃了不少点心并喝了啤酒。主人依然十分热情并且提高了声调："大家都来广东这么多年了，应该习惯吃夜宵啊，走走走！咱们再去喝喝酒、吃点东西、聊聊天……"我们一再推辞，但主人态度坚决，盛情难却之下我们只得顺从。

凌晨三点回到酒店以后，我们个个精疲力尽，抱怨连天。

我想，如果您真想传达对他人的热情，或者表达关爱之意，那么，您就应该站在对方的立场思考并满足其需求，通过他在乎的方式而不是您在乎的方式去关爱他。否则，即使您花再多精力，对方也不会领情，相反，您会收获抱怨。

也就是说，您的善意付出可能会得到南辕北辙的结果。

同样，当您向他人表达敬意或者感激时，您能否站在他人的角度，在乎他人的感受，而不是想当然地认为自己是怀着多么美好的善意呢？在这方面，我同样有着切身的体会。

我只要春节回老家，就会有好几位当年要好的初中同学、高中同学前来家中叙聊。因为是同学而不是亲戚，尽管都熟悉我父母，但也不会有那些让我们腻烦的繁文缛节，他们一般都是空手而来，大家叙叙旧，聊聊天，轻松自然，感觉特别好。

但有一个同学例外，他每年春节都会带上礼品去看望我父母。如果我在家，这往往让我头疼。本来同学相见，聊天很好。但礼品一送，问题就变复杂了。中国人注重礼尚往来，他提礼品看望我父母，那么，我必须同样提礼品去看望他的家人。去他家时多半就变成了形式而不是纯粹的相谈甚欢似的聊天了，而且，我还会为给他家送什么礼物而烦恼，纯洁的友情就这样被世俗化了。如果我不在家，这往往让父亲头疼。

和绝大多数中国农民一样，我父亲非常不愿"欠"人家的。他想人家每次一家三口提着东西前来拜望，很多时候饭都没吃一口就走了，回礼同学不收，给小孩压岁钱人家也不要，父亲心里总是感到很不安。

2013年春节因为没有回老家，大年初三上午父亲专门为此事给我电话，让我给那位同学打电话，以"春节期间需要走动的地方多，父母很多时候不在家"为借口，让他不要过来，等我以后春节回家再来。

我当即给同学电话希望他今年不用过去了。但他坚持己见，说我们从高中以来就认识，这么多年以来彼此一直联系，看望一下我的父母完全应该。他说既然父母很忙，如果当天下午在家，他下午就去。听他这么一说，我就把父亲的烦恼直截了当地告诉了他，他则说，老年人嘛，有这种想法可以理解，但作为晚辈，他一定要表达自己的心意。

他说他理解我父亲这种老年人的想法，他真理解吗？显然，他没有理解。他再次问我父母当天下午是否在家，以便下午就过去。

话说到这个份上，我只好同意了，于是给父亲回话，说同学还是要过来，就当天下午。等到天快黑的时候，同学打来电话，说中午酒喝多了，无法开车，第二天上午去我父母家。

我赶紧给父亲打电话，父亲说他和我弟弟一下午都在家围着炉边等他们，给他们准备的荷包蛋早就煮好了，放在锅里，他们也一直在疑惑，“天都快黑了，怎么还没来呢？”

第二天一大早，我父亲刚刚起床，同学一家就来了，又搞得他们手忙脚乱……

其实，我很喜欢和那位淳朴友善的同学交往，如果他每次去我们家只是单纯地聊聊天，我们会轻松快乐很多。就同学的真诚和善意而言，无疑是让我感动的。

但是，为什么，为什么他每次满怀真诚和敬意过来探望老人，我们反而不乐意了呢？

原因就在于，那位同学只考虑他自己的感受而没有考虑到我们家人的感受。

生活中类似的情况并不少见，有时给予别人某些物质上的关怀时，施予方内心很开心，因为这样能够从某种程度上彰显自己的爱心、素质、涵养等等。殊不知，接受方不一定开心，因为他们也有他们的想法和考虑，就像刚才我父亲的想法一样。如果那位同学能够站在我们的角度，换位思考，理解我们，那么，我们的交往会更顺畅，更开心。

还有，中国人讲人情、重礼俗，但不少表达敬意的“礼物”反而让人徒增烦恼。如果国人在这方面能够多一点换位思考意识，或许我们的礼尚往来活动会更文明、更健康。

比如，我的父母每年春节都会收到亲戚送来的燕窝、黑芝麻糊、营养强化钙豆奶粉、营养麦片、中老年核桃粉、西洋参片等包装很有“档次”的保健品，还有几箱牛奶，这些东西无不让我父母头疼。因为目前国内的保健品市场中片面夸大功效、假货泛滥的现象普遍存在。再说了，即使真的很有营养，我父母既没有闲心，也没有兴趣喝那些东西。

我父母一般的做法是，先把这些东西放在一个地方，过一些时日再全部用来喂猪。

牛奶本身倒不错，只是中国人富起来也就是近二三十年的事情，很多老年人（尤其是农村的老年人）没有养成喝牛奶的习惯，所以每年收到的牛奶搁在那里等过期以后基本上也都浪费了。

我父亲每年总是感慨道："这些人花钱买那些好看不中用的东西干什么呢？与其花钱买这些不实用的东西，不如买两只鸡鸭送来要实在多了。"

这些花钱买保健品的人，多半出于中国传统的好面子思想，自以为有"档次"。但是，我相信，他们一定同样因为收到此类礼品而头疼过，只是因为换位思考能力较低，他们从来不会觉得有问题，所以才会每年提着保健品去"风光"地拜年。

在城市，这些年来，我收到过不少东西，单位发放的、有关部门或商家的赠品、晚会抽奖的礼品，中看不中用的也不在少数，我最后都当垃圾丢弃了。这既浪费，又不环保，无不让人痛心疾首。

我怎么送礼？读博士期间，在相关节日拜访导师时，我总是到超市买食用油和袋装米相送。六十多岁的师母总说，小刘不错，这东西既实在，又免除了我们的劳累。

这些年以来，我到别人家探望，如果需要送礼，我基本上是送食用油和米，这样不但经济上实惠，更重要的是主人开心。当然，也有一些家庭，我会送鲜花而不是食用油或大米。

（三）商务营销中的换位思考：人心体察和投其所好

在商务活动中，只有换位思考才能赢得人心。如果万事只顾自己，不顾别人的感受，您可能将一无所获。

大概是2008年的某一天，我在欧老师的办公室聊天时，门口来了一男一女两位身穿职业制服的年轻人。

其中一个人对我们说："我们是××银行顺德支行的，我们到顺德职院免费给大家办理信用卡业务，凡是当场办理信用卡的，我们会送给你们两个精美的微波炉碗。"说着就从袋子里面掏出看上去质量不错的微波炉碗。

欧老师说她想办一张，她让我也办一张。我说不想办，因为身上的卡已经够多了。欧老师说："你看这两个碗多漂亮啊，你还是办一张吧。"经不住欧老师的劝说，我也就同意了。

银行的人说："那这样，请你们每人填一份资料。"一听说要填资料，我愣了一下，因为我刚才还没有意识到这一点。因为不想透露个人信息，再说申请新卡以后我也不打算真正使用它，于是在填写身份证号码、电话号码以及邮箱资料时，我使用了虚假信息。

好不容易填完了一堆资料，女性工作人员说："我们还需要你们提供身份证原件和复印件。"因为自己所填资料属虚构，我一听，就说了一句"那算了，我不办了"，然后把所填资料撕毁了。

欧老师则说："这样啊？但我身份证没有带在身上，你们明天还来吗？"对方说明天还来。欧老师说："那这样吧，你们现在先帮我办卡。因为我每天都在办公室，你们明天再到我办公室来一下，我再把身份证原件和复印件补给你们。"

没想到对方说："那不行，我们每天回公司以后，要核对办卡资料和相应的微波炉碗数量，这样吧，既然你每天都在办公室，我们明天再来给你办吧。"我说："你们就不能通融一下吗？人家欧老师可是真心想办一张信用卡的。"他们一边说"不行，这是我们的制度"，一边把微波炉碗收了起来并放进了口袋。

"如果您是欧老师，您明天还会办吗？"我曾经就这个问题问过学生，学生都说"不会"。

事实上的确如此。当时欧老师很生气，她一边撕毁刚才所填的资料，一边以不欢迎的口气对他们说："你们走你们走！你们明天也不用过来了，我不办了。"

显然，这个商务营销活动是失败的。欧老师原本会成为那家银行的潜在顾客，由于营销人员没有站在欧老师的角度看问题，伤了欧老师的自尊和面子，这笔业务也就泡汤了。

沟通无定式。如果换成我，我会怎么做呢？

由于我们办公室在学校办公区中间，银行工作人员肯定不是第一次碰到这种情况，经历了一次以后就应该调整其沟通方式。

比如，到了欧老师办公室门前，我会说："老师们好！我们是××银行顺德支行的营销人员，这几天我们到顺德职院为大家免费办理信用卡，每办一张卡，我们就送两个精美的微波炉碗。但是填写资料时需要提供身份证原件和复印件。如果您愿意办信用卡，但今天没带身份证，我们可以明天再到这里来为你们办理。怎么样？老师。”

如果开始就说明相关情况，就完全可以避免刚才的尴尬，既表明了公司的营销原则，同时也照顾到了顾客的内心感受，欧老师也能顺利成为那家银行的潜在顾客。

为什么时下很多营销人员成天忙碌，却始终一事无成？同样是这个道理，即他们只考虑自己的需要，而不考虑别人的想法和感受。

在这方面，最典型的，莫过于先前的保险从业人员了。在中国，“做保险的”并不是一个值得称道、让人向往的职业，原因就在其中。保险本来人人需要，而且保险业发展前景非常广阔，但中国保险业在这些年的快速扩张过程中，由于先前保险从业人员进入门槛太低，其无序竞争降低了保险业的品牌形象。

比如，他们惯常的工作模式是：联系到服务对象（在城市有时是熟人，在小县城大多是熟人）以后，他们直奔主题开始推销保险。出于各种原因，我们很多中国人缺乏保险意识，对保险的认同度不高，加之很多百姓经济上也不是特别宽裕，所以不少人购买保险的意愿不强。但保险推销人员不会考虑这些，他们不但会劝说您买，而且会经常缠住您，强烈希望您买，甚至恨不得把您全家“一网打尽”，导致很多人反感，闻“保险”色变。

当然，这几年以来，保险业规范了很多，保险从业人员也没有先前那样让人“讨厌”了。

在我身上就发生过一件类似的事情。我读博士期间，妻子放弃了工作一心一意备考硕士研究生。我有一位朋友，夫妻俩都在做安利的传销。那时他们家离我们家很近，我们隔些日子会到他们家玩，他们让我们加入安利传销，并向我们描述了加入安利以后的美好前景。他们还好几次对我们说：“我们认识好些教授和博士，都辞职了和我们一起做安利，做得非常好。”每次去他们家玩，他们总是让我们做他们的“下线”，并反复劝我妻子完全没有必要那么辛辛苦苦去考研，我也没有必要读博士。

我想，你认为做安利很好你就做安利吧，我充分尊重你；但我个人喜欢学校，我还是觉得读博士很好。既然我没有强迫你读博士，你为什么反复要我做安利呢？后来我们就没有再去他们家了。

和保险一样，其实安利产品本身的确不错，影响其形象的同样是不顾别人感受的营销方式。当然，现在安利产品已经由传销改为直销了，营销人员也没有先前那样“讨厌”了。

上面我们谈的是商务营销中的人心体察，下面我们再看看商务营销中的投其所好。

戴尔·卡耐基在其名著《人性的弱点》中写了这样一个案例①：

某大银行的李先生，有一次奉上级命令，设法调查某公司的营运情形。于是李先生登门求见该公司之董事长，希望能从他那里先了解大概情形。正当李先生走进董事长办公室的时候，突然有一名小姐探头进来，跟董事长报告说今天没有邮票给他。

“我是在帮我12岁的儿子收集邮票。”董事长当即向李先生解释道。李先生说明来意之后，随即提出问题逐一请教，但董事长却始终闪烁其词，顾左右而言他，根本就没打算多透露什么。两人的会面也因而草草结束，丝毫没有半点进展。

“坦白地说，当时我真不知如何是好，” 李先生回忆道，“后来我灵机一动，想起了他秘书所说的邮票，还有他那12岁的儿子。于是我就跑到银行的国际业务部，收集了一堆海外寄来的信件，把邮票全剪了下来。”

“隔天下午，我又去见那位董事长，并告诉他我是专程替他儿子送邮票来的。结果，我所受到的欢迎，大不相同，他非常热情地跟我握手，脸上还始终维持着盈盈的笑意。后来还未等我开口，他就自动地将他所知道的全告诉了我，还召来属下当面询问，说明给我听，并提供一切我所需的资料、报表。区区数张不费分文的邮票，却带给我如此丰硕的收获。”

类似的情况在商务活动中很普遍。相信您在商务沟通中多半经历过这种尴尬：当您有求于别人的时候，不管您怎么说，对方都不太关心，总是敷衍地应付。对方不是在听您说，而是在做或者想别的事情；或者嘴里应付着您，眼睛瞄着别处；或者转移话题，跟您天南海北地闲聊……这个时候，如果您想要突破障碍，消除对方的漠不关心，就要提一些对方关心的事情来诱导。

与不太熟悉的人相处，要引起他人注意，最好谈论一些对方感兴趣的话题。要打破一切为自己的想法，不要一心一意只想着自己如何从别人那里得到

① [美]戴尔·卡耐基著，殷金生译：《人性的弱点》，江西人民出版社2001年版，第56—57页。

好处、获得利益，否则效果适得其反，是不可能取得什么业绩的。

要做到这一点就需要您能够换位思考。平心而论，在商务活动中，如果人家有求于您，您也会想："我根本就不认识你，凭什么帮你？"因此，洞察对方的需求，然后投其所好才能解决问题。

很久以来，"投其所好"作为一个贬义词为人所鄙夷，这主要是因为"投其所好"的目的往往是自私的、不可告人的。假如您的目的是光明磊落、合乎情、顺乎理的，那么，"投其所好"就成为一件再正常不过的事情了。而且，投其所好，您满足了对方的内心需求，对方也会自然地回报您，只是这个过程常常不易被人发觉而已。

比如，您去拜访一位大客户，起初你们彼此并不认识。从他的言谈中您了解到他是一个足球迷，这时您也表现出和他相同的兴趣，那么你们之间可谈的内容就增多了，他会顿时对您大感兴趣。这还不够，假如他是贝克汉姆的超级粉丝，听说近期他将到本地参加某慈善晚会，正苦于弄不到票。如果此时您告诉他，您正好有一个亲戚在慈善晚会的相关机构工作，一定能够满足他的愿望。您会发现，他同您讲话的态度马上有了一个很大的转变。这并不是对方势利，这只是人的一种本能反应——对自己在乎的东西感兴趣。

与中年妇女交谈，她们的话题大多是她们自己；与老年人交流，健康与养生之道常常最受他们关注；与年轻女子交谈，美容护肤则是她们最钟爱的话题……当对方对您产生认同甚至好感时，你们就会轻松自如地步入正题。

就我而言，谁要是和我谈论文写作方法、谈情商、论沟通，我一定会滔滔不绝，因为这是我的喜好和专长。对方抓住了我的兴奋点，我自然会很开心，同时会对对方充满好感。

三、换位思考的表达方式

学会换位思考，需要注意沟通的方式和语气。

（一）换位思考的表达方式

我们先列举一些常用的共情表达方式：

1. 恭喜恭喜！我发自内心地替您感到高兴。

我们一位老师申评了五六次副教授，2012年终于榜上有名。学校在校园网上公示时，我第一时间给她发了以上短信，她回复说“真的很感动”，对方之所以感动，是因为我能够站在对方的角度表达真诚的开心。

2. 对您的帮助，我非常感动（感谢）！

在《高情商：打造你的个人魅力》书稿完成后征求意见的过程中，我希望试读者中有一位官员代表。因为某种机会，我和顺德区政府一位局长有过一面之缘。随后我冒昧找到他，希望他能够帮我试读并提意见，他爽快地答应了。一个月之后，在他的办公室，他和我详谈了阅读书稿的感想。其中他谈到一个细节，他说尽管平时工作繁忙，他还是非常认真地把这本书看完了，有一次，他去异地出差开会时，还专门把这本书稿带上了。

当时我很感动，对他说：“您真的太让我感动了！因为我们仅见过一面，您居然愿意帮我看这部书稿。之前我曾通过朋友找到广东某市委党校校长，希望能够帮我审读，结果朋友反馈说对方以‘工作很忙没时间看书’为由拒绝了。所以，对您的帮助，我从心底里非常感动！”

感恩之心，是一个人的正常情怀；被感恩之心，则是人性的正常需求。千万不要把别人的关心和帮助当成理所当然，只要别人有恩于您，您都应该及时地表达感动，说一声“谢谢”，否则，人家会认为您太不通情达理。

3. 我非常赞同您的想法！

和别人聊天，我很喜欢看着对方的眼睛（表达真诚）说“对对对！”“我完全赞同！”“您这个判断非常准确！”“您说到我心里去了！”因为得到了理解和肯定，对方往往会很开心，并情绪饱满地继续表达他的想法。

4. 嗯，我听进去了。

我们都有过这种经历，爸爸或者妈妈不高兴地对我们说：“我在跟你说话呢，听见没有？！”为什么父母不高兴？因为他希望自己的意见得到你的重视，可是你没有任何回应。

其实，每个人都认为自己很重要，更希望别人认为自己很重要。因此，要学会换位思考，懂得回应。“我听进去了”这种表达会让对方充分感知自己（的意见）很重要，从而让对方心安或者说舒服。

比如，我参加了学校的讲课比赛，督导后来对我说：“你跟学生这样上课，很好，因为很幽默。但比赛时因为有领导在场，他们年龄大，和学生不一样，他们感觉你调侃的成分稍微重了一点，这一点，你以后要注意。”我觉得有道理，立刻对督导说：“嗯嗯，督导说得对！您的话，我听进去了。”

5. **我经历过，所以我能够体谅您的感受。**

我的小孩从小爱吵夜，直到一岁时每晚还要醒来吵两三次，搞得家人疲惫不堪。有一次，在我们院里辅导员办公室和一个女老师聊及此事，我说去过武汉的几家大医院，补过钙、吃过维生素B2，都没用。那位女老师说：“我们家小孩也一样，做父母的确实不容易，所以我很能够理解你的心情。你看，我们家小孩现在都快两岁了，近两个月每天早上四点半左右醒来，要玩到六七点钟再睡觉，他现在大了，会说话，声音又大，弄得我们全家都无法安睡。其实你完全不用担心，也不用找医生，小孩就是这样的。”同事这样一说，我内心顿时舒缓了很多很多。

因此，失恋了、手机遗失、孩子进入叛逆期和父母对着干……当别人难过或焦虑地向您述说这些烦心事时，“我经历过，所以我能够体谅您的感受”这种表达方式让对方觉得您完全能够理解他的郁闷，这往往让人温暖无比。

6. **我理解，您也不容易。**

老家有一邻居。有一年春节回家，邻居的妻子向我抱怨她老公在外面如何花心、如何不顾家。这些我都听家人说过，但我又不能在她面前指责其老公，否则会给对方留下“连宗劲都说……”的口实，但邻居的妻子为人宽厚，且为那个家付出不少，我很欣赏她，于是，我说：“我理解你，我觉得你确实很不容易。”没想到，此话一出，对方眼泪一下就掉下来了。

“我理解，您也不容易。”这种表达方式一般用于对对方难处的宽慰，对方听到这种话感觉很贴心，如遇知音，并由此大大拉近彼此的距离。

7. **这没什么，我要是您，也会这样的。**

俗话说，一方水土养一方人，广东人在北方容易被辨认，但让我在一群广东人中辨认单个广东人就不容易了。2010年，所带的一个班级毕业之后，我被安排担任新生班主任。要做好班主任，首先要认识每个学生。所以，新生报到之后，我每周都会找一个晚上去学生宿舍看一下，以慢慢认识并熟悉他们。

一个月之后，在一个男生宿舍，我对一个男生说：“不好意思，怎么称呼你呢？我又忘记了。”那位学生抬头看了我一眼，说：“我就知道你肯定又把我忘了。”然后埋头继续在电脑上玩他的游戏。我只得尴尬地解释道：“由于我们班绝大部分同学是顺德人，作为一个外地人，在我眼中，大家长得好像都一个样，我短时间内还真难以把大家全部记住。”

这时，一个叫邓耀锦的学生安慰我：“老师，这有什么关系呢？我要是你，我也记不住的，因为学生太多了。”邓耀锦同学换位思考方式的安慰让我很受感动，并记忆犹新。

当然，共情的表达方式有很多，在生活中我们可以仔细揣摩，只要您能够用心站在对方的立场思考问题，对方一定会有感应的。

（二）换位思考的比较

1. 你可能还没有考虑到……

这句话即使不算指责，也表明别人水平比您低一等，如果换成“我相信您已经认识到……”尽管省略号以后的内容一模一样，但这种表达方式无异于告诉对方“我们一样‘聪明’”，对方感觉会好很多，毕竟，人都是希望获得肯定的。

2. 我们无法保证货物马上送到。

很多时候，由于时间紧迫，我们会问：“因为急用，货物明天能不能送到？”如果您说“我们无法保证货物马上送到”，一定会引发客户的不良情绪，尽管您说的是事实。因为你们有你们的工作流程和规则，不能说客户想要货物，货物就能马上送到。这种表达方式之所以让对方不快，是因为人家很着急而您却无动于衷。

我们不妨这样说：“好的，我们会尽快安排送货。”

“尽快”有多“快”？“我们无法保证货物马上送到”和“我们会尽快安排送货”，这两句话对运送货物的操作流程而言，不会带来实质性的变化，但“我们会尽快安排送货”的说法会让顾客宽心很多。说法的改变并不是对客户的敷衍，相反，这表明了您对顾客的理解和尊重。人都是一种情绪化的动物，很多时候并没有那么多的理智可言。

3. 你听明白没有？

工作中，我见过不少管理者（老师）讲完话以后对下属（学生）说：“你（们）听清楚了吗？”“你（们）明白了吗？”“你（们）懂吗？”这些表达方式都有居高临下的意味，缺乏换位思考意识。

比如说，领导交办我一件事，说完之后领导对我说：“听清楚了吗？”如果我没听明白，这句近乎高高在上的质问会让我感到不安，觉得自己要么没用心听，要么理解能力太低。

如果领导换一种说法："我说清楚了吗？"很明显，领导退了一步，把可能的"责任"揽在自己身上了，这会让我减轻心理负担，觉得领导很亲近。如果我真没听明白，我也会退一步说："不好意思，是我没有听清楚。"这样一来，双方在轻松融洽的气氛中交流会更加顺畅。

这些年以来，无论是在课堂上对待学生，还是在家庭中对待家人，我从来没有说过类似"你听清楚了吗"的话，我一直说的都是："不知道我刚才说清楚没有？"这不是客套，这是素质。

4. **我早就该提拔了。**

有一次，分管领导到单位调研，在会上，一位大家平时公认情商很低的科级干部在汇报了相关业务情况以后说："我认为，凭我的业务能力、资历和学历，早就该提拔了。"当时在场的同事很惊讶，因为这种表达无意于当场指责分管领导没有慧眼识英才。

其实，职场之人，希望早日晋升，这是人之常情，但要有恰当的表达方式。同样的意思，您看我们另外一位同事怎么表达的。

我们办公室有一位同事，出于各种原因，做副科长都十多年了。在两年一聘的文件中每次都在她的聘任职务后面加了一个括号：牵头。也就是说，她是科室中事实上的负责人，但一直享受副科长级待遇。有一次，她对我说，她找我们部门领导谈了一下，她是这样对领导说的："领导，人嘛，都是有上进心的，您看我这个牵头负责人都做了十多年了……"

5. **美女，试穿衣服时注意不要把口红沾上去了。**

服装卖场一般都有试衣间。有些商场担心女士的口红把其服装弄脏了可能会写下上面那句提示。有一次，在武汉市广埠屯的一家女士服装店，我陪妻子买衣服，我在试衣间看到镜子上面贴了这样一句友情忠告：美女，小心我们的衣服弄脏了您的口红。这种把责任往自己身上"转嫁"的温馨提示，让我不得不叹服店主的智慧。

6. **如果警报声响起，请配合我们的检查。**

这种提示曾经一度用于超市、商场的出口处。这句话不但带有执法色彩，而且很不友善。言外之意，如果警报声响起，您可能偷东西了。不是说顾客是"上帝"吗？怎么反而成了"小偷"？

当然，现在的超市和商场比先前文明多了，上述提示换成了："尊敬的顾客，如果警报声响起，请让我们为您消磁。"其言外之意是：如果所购物品没有消磁，请让我们为您消磁；如果所购物品没有付款，请您到柜台付款。这就消除了指责的意味，仅仅是友善的提醒。

彼得·塞拉维和约翰·梅耶将情商定义为包括“识别他人的情绪（即换位思考）、处理人际关系”在内的五个方面，我之前并不明白他们为什么要将“换位思考”从“处理人际关系”中单列出来。在我看来，换位思考也是一种沟通技巧和能力，同样属于人际关系的范畴。但在讲解“沟通与情商”课程中，我才逐渐意识到，换位思考绝不仅仅是一个简单的人际沟通原则。

在沟通中，我们希望获得赞美，我们希望别人给我们表达的机会，我们希望别人能够对我们理智地忍让，恰当地示弱……只有我们从自身感受出发，真正认识到我们每个人的这些人际交往诉求，我们才能站在他人的角度理解他人的感受，进而采取相应的行动。比如，经常赞美别人、耐心倾听别人的谈话、善于示弱而不是争强好胜……从而在人际关系中受到欢迎。

赞美、倾听、示弱等人际沟通要点属于人与人的关系范畴，我们容易理解和把握，而换位思考则属于人与自我的关系范畴，难度则要大得多。

比如，我们学校教工食堂每张桌子上都有盒装的抽纸，供老师就餐时免费使用。一天早上，您发现一位老师离开饭桌时不停地抽取餐巾纸，大概抽了七八张就快速离开了。您会对那位老师产生什么印象呢？您多半会想：那位老师太自私、太爱贪小便宜了！在食堂抽这么多纸作为自己日常备用。但实际情况是怎样的呢？

这种情景就发生在我身上。有一天早上，因为上午没课，所以，我只带了饭卡前往食堂用餐，结果，刚吃完早餐，感觉肚子很疼。很正常，人有“三急”嘛，但我身上又没带纸，于是只好从抽纸盒中快速地抽了七八张纸后，往旁边商务楼的卫生间跑去了……

20世纪享誉世界的英国哲学家罗素说得好：“我们对于现实世界的了解，远不如我们自以为是的多。”①

2013年11月，一位学生来信和我分享了曾经发生在她身上的一个换位思考故事：

---

①［英］罗素著，杨汉麟译：《罗素论教育》，人民教育出版社2009年版，第50页。

高二的时候，因为文理分科，周围的同学多数都是新认识的。过了一学期，有一次，当宿舍只有我和另外一个同学在一起的时候，她问我有没有发现，我下床的那个同学从来不讲她妈妈的事情。同学这么一说，我回想起来，的确如此！然后，同学告诉我，因为那位同学的妈妈已经去世了。当时我很震惊，因为她是我同桌，也经常一起去吃饭，我居然不知道，居然没注意到她一直避免提起她妈妈，居然不知道她对“妈妈”一词那么敏感。

从那以后，每次与同桌的她聊天，我都避免提“妈妈”这两个字。久而久之，我养成了一种习惯，每次讲起我爸我妈的时候，我都用“家人”两个字取代，那是因为她也从来不说她爸爸，我想，也许虽然她爸爸对她很好，但“爸爸”两个字也会不经意让她想起妈妈。就这样，我跟她成了很好很好的朋友。是她，让我学会了换位思考；是她，让我的未来变得不一样，我很想跟她说一声：“谢谢！”

看了这封信，不禁让我感叹：换位思考，让人性变得如此美好！

总之，在生活和工作中，我们很多时候容易偏执而自信地用我们的标准划分人类并强烈地表达对他们的爱憎，但是，您有没有想到，完全有另一种可能：

您笑一位打工者说话粗俗、没文化，但您知道吗？因为父母早逝，他从小开始照顾妹妹，后来为了供妹妹上学，他开始在外干体力活挣钱，直到妹妹大学毕业。这些年以来，他没有上过一天学。

您骂一位男人奇丑无比，但您知道吗？他是见义勇为不顾个人安危而导致无端毁容。

您不喜欢本公司中一位性格孤僻、不合群的同事，但您知道吗？他曾经经历过无尽的屈辱和哀伤。

总之，学会换位思考，推己及人，我们的人生会变得更加美好！

第六章

建立良好的人际关系

一、沟通是立足社会的资本

我们来到这个世界，会和很多人相处：父母、爱人、亲属、同学、朋友、同事、老乡、贵人……人只要活着，就会和这个世界发生千丝万缕的联系，我们不可能孤立地存在于这个世界。从某种意义上讲，人生的丰富就是人缘的丰富，人生的成功就是人际关系的成功。

与人相处，与“厚黑”无关，它只是道出了我们立足社会最简单却又最深刻的法则：如何做人。

我有一位同事，好争名夺利，好牢骚满腹，所以人际关系很糟糕。但因为才华出众，他常常恃才傲物，很少对领导表达善意，并常常鄙视那些“逢迎”领导的同事。在这里，他把正常的人际关系庸俗化了。因为处事行为怪异，很多同事都对其敬而远之。

做人显然比做事重要。戴尔·卡耐基说：如果会做人，你一生就幸福快乐；如果不会做人，你就得走一条寂寞孤单的道路。

良好的人际关系对于提高您的情商和生活幸福具有重要意义。大量研究表明，一个人如果长期生活在良好的人际关系当中，他的个性就会得到健康发展。对于一个孩子而言，从小就培养其良好的人际关系对其今后的成长和发展都将大有裨益。

有人问美国电话电报公司的高级主管：“如果有一个中级主管的位置出缺，你如何选人？”他回答：“我不管这人是不是哈佛或者耶鲁的高材生，他必须具备一个条件，就是容易相处，擅长赢得别人合作，拥有丰富的人脉资源来完成使命。”

人际关系通过沟通得以建立和维护，因此，沟通是立足社会的资本。只要我们充分意识到人性的正常需求，良好的人际关系其实是很容易建立和维护的。

下面，我以“学会赞美”为例，解读沟通的智慧——“学会赞美”是以后将出版的《沟通的智慧》里面十三个沟通话题中的一个。

尽管赞美和批评两者是并列关系，但因为赞美和批评犹如孪生兄弟，关系密切，所以，我把关于批评的相关话题一并放在“学会赞美”中进行解读。

二、懂得赞美即懂得了人生大半

2008年5月30日下午，顺德人事局和顺德职业技术学院联合举办了主题为“终身教育与科学发展”的博士专家论坛，我参加了这次会议。

在两个半小时的活动中，除了会前领导致辞以及会后合影，真正研讨的时间就两个小时。尽管会前没有发言时间的限制，但因博士较多，大多数博士只做了不到十分钟的口头发言，但有一个博士例外。

那位来自某企业的博士之前进行了充分的准备，带了一叠打印件在会上念稿。如果内容精彩倒也罢了，问题就在于那位博士的发言充斥着大量的“孔子曰、老子曰、墨子曰、朱熹曰”，在“曰”来“曰”去的论述中，半个小时过去了，最后讲了整整40分钟。

因为论述空洞、了无生趣，又没有结合顺德的社会实际，博士讲话中间，估计有一半人离场，抽烟的、打电话的、上厕所的，不一而足……

当天晚上，主办方在一家酒店设宴款待各位嘉宾，我碰巧和那位博士同桌。其间，主办方负责人过来给大家敬酒时，特意对那位博士说：“×博士，您今天的发言很精彩，来，向您学习！给您敬酒！”

请问，您对主办方负责人特意对那位博士敬酒嘉赞给予以下哪种评价？

A．正面评价，尽管博士的发言不精彩，但负责人有意识的嘉赞体现了其教养；

B．中性评价，负责人的嘉赞只是例行公事而已；

C．负面评价，这位负责人虚伪，因为博士的发言不值得嘉赞。

这是一个关于赞美话题的引子。下面，我们从以下几个方面对赞美进行详尽的解读：

（一）感知赞美的神奇力量

在这里，首先呈现给您的是我生活中的几段经历，或许您没有想到，真诚的赞美居然具有如此有效而且不可思议的神奇力量。

1. 我赞美别人之后……

先看看我赞美了别人以后，发生了怎样的奇迹。

在厦门大学期间，我认识了一位张姓博士研究生，他本科和硕士分别毕业于国内两所名牌大学教育学相关专业，工作多年以后又考上了厦门大学教育研究院的博士研究生。

在我的人生经历中，我接触过三四个毕业于名牌大学的同事，他们的智商之高，我等难以企及。就张姓博士生而言，他只比我小两岁，我们当年都没有学过计算机。到现在为止，我对电脑只知皮毛，但他善于琢磨，对计算机软件和硬件都很精通；他英文的听说读写能力都不错，能够辨别英语的美式发音、英式发音以及澳（大利亚）式发音，平时做研究都是看外文专业文献；对摄影很钟情，无论是摄影术语还是摄影器材，都了如指掌；对汽车业的现状和流行趋势如数家珍……

遗憾的是，这位老兄情商不敢恭维，比如，他对同学没有什么热情，为人比较自私，感觉没有什么人情味；思维方式比较偏激，喜欢抱怨，总是喜欢愤世嫉俗，看不惯周遭的一切。因此，虽然他学业优秀，但人际关系不怎么样。

因为在本科、硕士和博士阶段我从来没有学过教育学，而他对教育学尤其是高等教育学理解精深，和他聊天，总能给我很多启发。所以，每次到厦门大学，我都会找他聊天，我也很喜欢找他聊天。我和他所在年级的很多博士生都很熟悉，并加入了那个年级的QQ聊天群。

2012年3月的一天，QQ群里很热闹，当时张姓博士生也在其中发言。我在QQ群里当着大家的面写了这样几句话：

“××，或许你意识不到，两年多以来，我从你那里受益良多，应该说是你把我引进了高等教育学的大门。”

当众听到赞美，张很开心，但他客气了一下：“过奖了。”

我真诚地说：“真的，不承认这，就不是实事求是的态度。我说的可是内心话，之所以喜欢和你聊天，就是因为你懂得太多，总能给我启发。”

他当时在QQ群里开小窗口问我什么时候再到厦大。我说“五一”以后就去，他说到了以后给他说一下。我当时没有想到，就这么几句简单而真诚的当众赞美，产生了我意想不到的效果。

五一之后，当他得知我到了厦大，每天晚上饭后他一定会到我宿舍聊天，半小时一小时不等，风雨无阻。原因很简单，因为他人际关系不太好，没有什么朋友，我能在年级QQ群上当着大家的面那样赞美他，由此获得肯定，他感觉找到了知音，所以相见恨晚。

从那以后，我们成了无话不谈的朋友，2012年6月他博士毕业以后去了一所大学教书，我们隔些日子还会在QQ上叙聊。

2009年8月1日，我去武汉市广埠屯资讯广场给妻子买手提电脑。我们一行三人，除了我和妻子，还有原省工行国际部的同事钱晓斋。妻子负责看电脑款式，晓斋电脑水平不错，他负责看电脑的硬件配置，我呢，负责什么？付钱。

我们在一楼转了很多店铺，观摩浏览了众多电脑，最后非常满意地选择了胜亿数码的林姓客户经理代理的某品牌电脑。林经理沟通能力很强，我们提出的各种问题、各种要求他都能耐心友善地给予解答。和他沟通了半个小时以后，我们三人决定购买他的电脑。

我对他说：“林经理，你这个人给我们感觉太好了！有耐心、为人真诚、回答问题专业，职业素养很好。你想啊，这种品牌的电脑好多店铺都有，为什么我们唯独选你的？就是因为和你打交道很舒服，是一种快乐的享受。我相信你以后肯定会在这个行当做得很出色！”

听了我的赞美，林经理很开心。他对我们说他18岁高中毕业以后就“出道”去广东打工了，现在年龄不小了，回到武汉后准备在这里成家扎根。他还说，他到现在这家公司上班不到两个月，上个月销售业绩就名列公司第一名。我当时问了他卖一台电脑提成多少，我记得他说的好像是23元/台。

交款以后一位姓包的软件工程师（我们称之为“包工”）过来给我们安装电脑软件。我对包工说：“你们这个林经理真不错，和他打交道很舒服，所以我们才买了你们的电脑。”包工说，林经理这个人确实不错，他们很多同事都很喜欢他，在他手上买电脑的客户也很多，来公司不到两个月就成了销售冠军。环顾四周，我发现林经理不见了。他到哪去了呢？

几分钟之后，林经理出现了，当时是盛夏，他跑到街上专门给我们买了三大杯冰冻绿豆沙——后来我妻子说，她曾经买过，价格是3元/杯。

卖电脑不像卖白菜，如果在菜市场买菜，我觉得摊主不错，我会经常到他的摊位上买菜。但电脑就不一样了，它基本上是“一锤子”买卖，今天我个人在他那里买一款电脑，至少一两年内我不会再买电脑了。林经理卖一台电脑提成才23元，他就拿出了超过三分之一的收益（9元）为素不相识的我们买冷饮，他对我们为什么这么好？

从我对我们短暂交往过程的描述看，原因就在于我无意中对他表达了真诚的欣赏、真诚的赞美。

或许您会对此感到疑惑，赞美有这么大的效果？我在后面将会提到，生活中我们很少有人会坦荡、由衷地赞美别人，更不会对一个陌生人大加赞美，所以，您也很少感受到赞美的力量。

老实说，我这个人，特别喜欢、也特别善于真诚地表达对他人的欣赏和赞美。但赞美力量之大，是我之前根本没有想到的。

以上讲了两件事，讲述了我赞美别人之后所产生的神奇力量。那么，从2008年开设《沟通与情商》课程以来，每次讲沟通话题时我都会讲到赞美，可以说，如今我深谙赞美之道。那么，如果别人赞美我，我会有什么样的反应呢？

下面，我同样讲述两件事情。

2. 别人赞美我之后……

读本科时我认识一位老师，我读博士时他已经升至教授，恰好和我同时攻读经济学博士学位。那位教授在博士毕业以后就做了博士生导师。因为彼此关系不错，我每次回武汉都会去他家叙聊。

有一次，在他家碰到一位二年级的汪姓博士生，博导就对那位学生谈起我曾经负责过《研究生学报》的编审工作，善于审读学术论文。汪姓博士生正苦于不懂学术论文写作要领，从此我们联系很多。

汪博士很欣赏我对学术论文的判断和把关，常年对我毕恭毕敬，并以“刘导”相称，每次完成一篇学术论文他都会让我提修改意见。博士毕业以后，他去了南昌的一所大学，每次论文投稿前依然会让我帮他“把把关”。

对于我而言，给他修改论文本身就是对我的肯定，让我很有成就感。更何况，每次以“刘导”称呼刚刚跨入学术门槛的我，让我内心相当受用。因此，自我们相识以来，我很喜欢和他打交道，并由此成了很好的朋友。2012年春节前，我还专门从武汉乘火车去南昌看他。现在我们基本上每个月都会相互通话联系问候。

是什么原因让我很喜欢和他交往？是什么促使我专门坐火车去异地看望他？我自己内心非常清楚，因为他对我的“虔诚”，他对我的欣赏，他对我的赞美，让我感觉非常非常的舒服。

是赞美这种无形的力量成就了我们的友情。

2010年6月，顺德职院中层干部全部就地“卧倒”重新竞聘，所有教职工都可以申请报名，然后学校先后对符合条件者和竞聘成功者在网上进行公示。

7月初，我从厦门大学回到学校，在食堂吃饭时，碰巧和曾老师坐到了一起。曾老师和我并不是很熟悉，我们相识是在火车上。之前一次寒假放假后返乡，我们碰巧坐在同一个卧铺车厢上下铺。

在食堂饭桌上，曾老师问我：“为什么你不参加学校的这次中层干部竞聘呢？”我说：“水平有限，没有能力去竞聘。再说了，我对做官没有什么兴趣。”

曾老师说：“怎么会呢？虽然我们平时交往不多，我对你也谈不上熟悉，但是上次在火车上和你聊了那么长时间，我发现你这个人很健谈，思维清晰，心态阳光健康，为人处世很有分寸。我觉得你去竞聘经管学院院长都绰绰有余，你甚至可以竞聘咱们学校的校级领导。”

听了曾老师的赞美，尽管我表面上说“哪里哪里，过奖了过奖了”，但您不知道我内心当时有多么的狂喜！我没想到，我在“别人”心目中会这么“优秀”！我丝毫不会考虑曾老师对我的评价是否客观。在我看来，评价是否客观与我有关系吗？没有！没有任何关系。他的评价不但让我很开心，还让我理所当然地认为他的看法不错。而且，他的评价提升了我对自己的判断：我没想到我竟然如此“优秀”，如此“有才”！

从那天起，我对曾老师产生了强烈的好感。不但见面以后会热情打招呼，而且会经常主动在食堂给他留位以便共进午餐。

美国社会学家霍曼斯指出：人与人之间的交往本质上就是一种交换关系，这也是人际交往的基本原则。

曾老师欣赏我，大大加深了我对他的好感，反过来我会对他好，因为对他好，他也会对我更好。这样我们不但成了关系很好的同事，也成了关系很好的朋友。

就因为他的那句赞美，您可能没想到，我平时是多么多么地希望见到他并和他聊天。有一次周末中午在食堂用餐，我直言不讳地表达了对曾老师的特别好感：“曾老师，我平时太希望见到你了！原来周末中午我一般是11：30到食堂用餐，但看不到你的人，后来听你说你一般中午12：00到食堂用餐。为了见到你，我现在特意从11：30调整到了11：50到食堂，一边吃饭一边等你。”

是什么力量让我对曾老师的好感如此强烈？很明显，是赞美。

讲了我赞美别人以及别人赞美我所产生的神奇力量之后，下面，我们来看一下小孩听了赞美的反应。

3. 小孩被赞美之后……

有一次在报上看到著名青少年教育专家卢勤的一段话：

“在家庭当中要享受男孩，不要伺候男孩；要使用男孩，不要过多地照顾男孩；要靠着男孩，不要让男孩靠着你。

如果有一个儿子，就说：‘有个儿子就是不一样。’如果您有一个女儿，就告诉她：‘有个女儿真好。’因为女孩需要爱心，爱心需要培养。”

卢勤的意思是，比如当我儿子十岁左右的时候，我带他到超市购物，让他拎五公升的食用油，儿子接手以后，我赞美他：“哇，儿子太棒了！咱们家有一个儿子就是不一样！”

卢勤接着说：

“有一次，我在电视节目里阐述了这一观点。事后，一个上中学的男孩对我说：‘我妈听了你的话，天天朝我说“有儿子就是不一样！”，我可惨透了，我们家的活儿全由我包了！’

我问他：‘你爱听这句话吗？’‘当然爱听了，我听了心里美滋滋的，累点也高兴。’”

英国哲学家罗素说：“多数婴儿在出生以后五个月左右时，开始超越对诸如食物和温暖之类的单纯快感，发展到对他人的赞美感到愉悦。这种愉悦一旦产生，便极为迅速地扩展。每个儿童都喜爱赞扬，讨厌指责。希望受人好评的欲望通常会作为人们终其一生的主要动机之一。这种欲望对于激励人们言行向善，抑制贪婪冲动，很有价值。”[1]

---

① [英]罗素著，杨汉麟译：《罗素论教育》，人民教育出版社2009年版，第44—45页。

我家小孩在一岁两个多月时，有一天在厨房我抱着他无意中问他："宝宝，香肠在哪里？"他用手指了指挂在壁柜上的香肠。我很是惊喜，因为我们从来没有专门教过他那个东西叫"香肠"，可能是我们吃饭时提到过他记住了，于是我夸张地尖叫道："哇，我们宝宝好聪明啊，连'香肠'都知道，太聪明了！"

没想到，他听了我夸他以后也高兴得大声尖叫，手舞足蹈，不停地拍手。这以后，我们发现，只要赞美他，他都会很兴奋。

（二）认识赞美本身

我认识旅游管理专业的一位女生，曾经请她在教工食堂吃过两次饭。有一次，旁边的同事马瑞老师问她："刘老师是不是特别受你们学生欢迎啊？"我以为她显然会回答"是啊"同时兴奋地描述她们同学怎样喜欢我。没想到，那位女生说："我不知道，我没问过她们。"当时我感觉特别尴尬。因为那位女生没给我面子，至今我耿耿于怀。那位女生之前加了我QQ，我经常看见她在QQ上发"说说"，后来只要看到她出现，就想起那次经历，每次都心痛一次，并恨她一次。原因在哪儿?

下面，我们一起来认识一下赞美本身。

1. 人为什么如此渴望赞美?

这些年来，您可能参加过很多次面试。面试时您紧张吗？答案是肯定的。我们为什么紧张？因为面试前我们总是想："我能行吗？"极少有人在面试时胸有成竹信心百倍。为什么？因为自卑，因为我们总认为不如别人。

其实，自卑是每个人生命进程中难以回避的情感症结。我们每个人都有弱项和强项，当我们以自己的弱项同别人的强项相比时，就会产生自卑情结。

尽管我们都有自卑情结，但是我们又时时刻刻想超脱自卑感，所以，我们总是希望得到别人的认可和赞美。

2011年我们学校有一位老师评上了教授，碰到他以后我热情洋溢地赞美了他，他说："哪里哪里，你都博士后了，不能和你比。"我说："读博士不难，只要能够考上基本上就能顺利毕业。而只要读了博士，做博士后就更容易了。而教授不一样，那是好多人集体评审出来的，有很多限制条件，难度比博士大多了。"

听我这么一说，他话锋一转，"那也是，不是我吹嘘自己，能够评上教授真不容易，竞争相当激烈，没有一些东西是很难评上教授的……"

为什么教授开始自我肯定？受中国传统文化的影响，在很多没有读过博士的人看来，“博士”具有某种神圣的光环，在我的体验中，他们甚至有一种“望尘莫及”的感觉——当然，如果他们真读了博士，他们肯定会产生“不过如此”的感觉。

正是因为那位教授对“博士”学位的高看，他才会在和我聊天时无意识中谈及晋升教授的不易，以此通过肯定自我超越自卑，这是他真实而朴素的情感表达。

什么叫赞美？顾名思义，赞美就是称赞美好的东西。

假设，两位大学同学到您所居住的城市出差，饭后您请他们喝茶聊天，落座后服务员带来了茶单，您问：“有些什么样的茶？”服务员说，有58元一壶的、198元一壶的，还有298元一壶的。

作为一个工薪阶层，您内心想选择58元一壶的、198元一壶的，还是298元一壶的？显然，除非您日进斗金，我们内心一般都会选择58元一壶的，这样便宜、省钱。

但实际上呢？不会有人选择58元一壶的，我们要么选择198元一壶的、要么选择298元一壶的。尽管我们知道，58元、198元和298元的茶也没有多大差别，这只是商家的噱头而已，而且，我们的主要目的并不是喝茶，只是找一个地方借“喝茶”的名义聊天而已。但是，我们不能买58元一壶的，否则会被同学小瞧，认为“小气、抠门、不热情”。

所以，本质上讲，我们内心想买58元一壶的而实际上并没有这样做的唯一原因，就是不希望被别人低看，我们花198元或298元只是希望获得同学的肯定：大方、热情。

仔细想想，作为人，活在世上，忙也好，累也好，烦也好，竞争也好，我们心底的真正渴求无非是希望得到别人的认同，哪怕一点点，也会由衷地兴奋。

这些年以来，大学生跳楼的新闻不少，他们之所以跳楼，大多是由于没有实现自己的价值而不堪心理重负。那么，您想，猫的职责是什么？捉老鼠。但猫就不会因为没捉老鼠，或者抓不住老鼠而焦虑、抑郁甚至跳楼。因此，寻求自尊、获得认可是人类同动物的一个重要差别。

其实，我们活这一生就是要证明自己是一个值得称道的人。我们肯定不只是为了吃饭睡觉，如果是这样，我们根本不用为未来奋斗，我们直接抢银行就可以了。因为被抓之后进了监狱，不但有人给我们做饭，还有遮风挡雨之地让我们睡觉，更有人时刻为我们站岗。但没有几个人愿意这样做。“坐牢”，这不把一世英名都给毁了吗？

下面，我们依此来分析生活中一些有趣的现象。

我有一个堂侄，小名“冰冰”。冰冰的干爸爸是我邻居，在县城承包了一家酒店，生意很好。邻居比我大两三岁，多年来关系一直很好。

2010年寒假回家后，邻居请我和冰冰去他酒店吃团年饭。在我的那一桌，除了邻居和冰冰，其他人我都不认识。桌上既有白酒也有啤酒，那晚我没有喝白酒只喝了啤酒。桌上的成年人叫冰冰喝白酒，冰冰点头答应了。

开宴不久，桌上的人就开始轮流给每个人敬酒，并会说一些“恭喜发财”“新年快乐”的祝福语。我发现无论是冰冰给别人敬酒还是别人给他回敬，他都会大口大口地喝，喝得很爽快。当时冰冰不到二十岁，一脸的稚气，我提醒他不要喝多了，喝多了难受。他说：“四叔，我没事。”

我们桌上本来只有两瓶白酒，后来旁边一桌又送来一瓶，加起来我们这一桌共有三瓶白酒。最后清场时，喝白酒者被倒了一满大杯，要求一口干。

我对冰冰说：“冰冰，不要喝了，你这么小，刚才已经喝得够多了，这一大杯白酒灌下去你会很难受的。”冰冰信誓旦旦地对我说：“四叔，没事，我真能喝。”

结果呢？饭后我们一出门，风一吹，冰冰吐得排山倒海。这小小年纪，喝这么多白酒，不是故意逞能吗？

冰冰显然不傻。那他为什么要这样做呢？因为刚刚成年，他无非是想向大家证明：别看我刚刚成年，但我爽快，我豪气，我是一个男子汉！如此而已，他只是渴望获得成年人的认可罢了。

类似的事例生活中比比皆是。

也是2010年春节回老家，邻居的一个亲戚在新疆承包棉花地发了财，他从新疆出发自己开车七天，翻越千山万水才回到老家，准备在老家呆10天以后再回新疆。

我问他为什么不坐飞机往返呢？因为自己开车往返要半个月时间，不但人很辛苦，而且汽车磨损加上汽油费和过路费，消费很大。和自己开车往返相比，坐飞机舒服、便宜、时间短。他说，主要是开车回来走亲戚方便。我想，如果想走亲戚方便，回来10天租车自己开也划算很多。

其实，根本的原因是，他想以此向自己的亲戚朋友昭示：“我发财了！”

因为在我们当地，那时农民能够买得起车的，凤毛麟角。所以，我们不能简单地评判说这个人“傻”，不会算账，他只是想借此获得亲戚朋友的认可而已。

最明显的证据是，在邻居家呆的三天时间里，每天早上八九点钟时，他都会在我们三合院里把小车的四个车门打开，在车内传出的巨大的流行音乐声中，他开始不紧不慢地用鸡毛掸子悠闲地打扫着车内车外……

正是因为我们渴望获得他人的认可，所以我们平时会通过各种各样的办法来展现我们想要公开的东西。我们不是明着自吹自擂，就是不露声色地暗中自我吹嘘，在谈话里面插进去一些自己认为值得一提的事情。这一切，无非是想证明自己的“优秀”。

2012年上半年，我们学校竞聘党委办公室和校长办公室（简称“两办”）主任和人事处处长，报名方式有个人自荐、群众推荐和组织推荐三种。

学校召开动员大会时，坐在我旁边的好几个女老师说办公室主任和人事处处长这两个职位是我的强项，要以“群众推荐”的方式，联名推荐我，尽管我不会去竞聘，但得到她们的认可我内心一阵窃喜。

为了进一步“证明”自己的水平和能力，我故意表达我的“迷惑”：“很奇怪，原来在省工行，也有很多同事说我这个人适合做人事处处长或办公室主任，为什么呢？”这是典型的明着“吹”。

同事说：“因为你这个人协调能力强，情商很高。”听完同事的话，我独自偷着乐，内心得到了极大的满足。

不知您发现没有，生活和工作中，我们每个人总是喜欢情不自禁地自我拔高。就我而言，尽管我长期讲授沟通，对赞美之道非常敏感，但有时候也实在按捺不住，希望在自我吹嘘中赢得别人的赞美。

那么，怎样暗着“吹”呢？

大学毕业五年左右，同班同学聚会，参加者大部分是女生。大家聊到了谁在单位是科长，谁在单位是经理等，其中一个女生开玩笑说桌上她的官最大，是“厅长”。

正当大家疑惑之际，她说她老公在政府机关“混”到了一个“小小的”处长，她在家管老公，所以是“厅长”。我们都知道她老公和我们是同年毕业的外系同学，能够在五年时间内提拔为处长，自有其过人之处。而中国的传统观念是，女人所嫁老公如果有钱有权就算嫁得“好”，日子会过得很幸福。那位女同学暗地里吹嘘老公的职务，无非是想向大家“秀”自己“嫁得好”

“很幸福”。

看来，人类是多么的脆弱、多么地缺乏安全感啊！在生活和工作中，我们每个人都会通过自我标榜让别人来肯定自己，我们需要通过别人的赞美感受他们对我们的重视。

虽然赞美之词听起来让人感觉近乎奉承，但是您却通过这种方式传达出了自己对他人的尊重和敬意。

您一定参加过卡拉OK聚会。您唱完一曲之后最期待的是什么？掌声！热烈的掌声！即使您五音不全，您同样期待热烈的掌声。

比如，我在卡拉OK厅唱歌时，其他人在喝酒聊天，以至于一首歌曲之后他们还没有意识到我已经唱完了。没有掌声，我感到落寞无趣。这时，突然有人意识到了什么，马上带头鼓掌，并呼叫：“嗯，唱得太好了太好了！”这时，我的心情会立刻由阴转晴。

因此，被认可、被赞美犹如心灵的空气。没有空气，我们无法生存；没有赞美，我们的生活就没有滋味。

哈佛大学心理学家威廉·詹姆斯说：“人性深处最大的欲望，莫过于受到外界的认可与赞美。”①

认识一位来自内蒙古的女生。那位女生为人真诚，善于为他人着想，善于换位思考，让我感觉素质不错。

课程结束以后，有一天，她打电话给我，要见面向我倾吐烦恼。我们在校园一边散步一边聊天，她说她有一个男朋友，高中同学，现在北方某大学读书，平时经常电话联系。她跟我谈到了她和男朋友相处的很多细节，说她男朋友怎样不理解他，寒暑假一起相处时嫌她这也不好那也不好。但是她很珍惜两人高中以来的恋情，为此感到痛苦茫然。先前在听了我的赞美课以后，她打电话让男朋友赞美她几句，没想到男朋友说：“别这样无聊好不好？”

听了她的这些描述，我对她说：“显然，你男朋友有问题，因为稍明事理、稍有头脑的男生和你交往一段时间以后都会发现，找到你真是一生的福分，因为现在像你这样明事理、为人真诚、善解人意的优秀女生真不多啊！”

没想到我此句一出，她瞬间泪奔，哭着说：“为什么我男朋友就不能像你这样理解我呢？”因此，除了被认可，赞美还意味着对他人的理解。

---

① [美]戴尔·卡耐基著，殷金生译：《人性的弱点》，江西人民出版社2001年版，第25页。

人渴望被肯定，被赞美，这是人性需求。给予赞美，本质上就是一种人文关怀，因此，也能彰显您的教养。

在一个社交场合，如果您是一位男士，您很真诚、很绅士、很温文尔雅地对一位女士说："小姐，您真美。"不管您长什么样，对方瞬间会觉得您这个人很有教养，让人温暖和舒心；如果您是一位女士，您以真诚而欣赏的眼光对一位男士说："先生，您的字写得好潇洒漂亮！"不管您长得漂不漂亮，这时您都会释放出一种让人心动的美，因为您的优雅和素质。

在传统意识很强的中国，我们最爱被赞美。我老家农村因为红白喜事摆宴席，不管家庭条件怎么样，都会弄得像模像样。按我们当地的话说，如果宴席寒碜的话，"怕别人说"。 正所谓"人活一张脸，树活一张皮"。

然而，中国人又最不会赞美别人。有一次给一个班讲"沟通与情商"课程，讲到"学会赞美"时，按照惯例，最后我会留二十分钟时间让学生上台，在众人面前真诚表达对同班同学的欣赏和赞美。大多数班的同学会举手主动上台，有些班则没有人主动上台，当时那个班就没有人主动上来。我看见两个女生手挽着手在很亲密地聊天，于是让其中的一名女生上台赞美班上的同学。我当时想，看她们那么亲密，她上来至少应该赞美一下同伴吧。

没想到，那位女生上来摸了摸脑袋，想了半天，然后蹦出一句话："好像没有什么人值得我赞美，这样吧，我来赞美一下我们家的小狗吧……"

2. 赞美在沟通中的地位

据北京竞人天地文化公司的一份调查报告显示：中国每100位头脑出众、业务过硬的人士中，就有67位因人际沟通不畅而在事业中严重受挫，难以获得成功。他们共同的心理障碍是：难以启齿赞美别人。

无独有偶，另据美国《幸福》杂志社对美国企业界高管人员和政界人士进行的调查显示：其中93.7%的人认为有效沟通是事业成功的最关键因素，其中最核心的课程就是学会赞美别人。

懂得称道他人，就懂得了人生的大半，因此，赞美是沟通的核心内容。

之所以这么说，是因为人与人之间的关系在我们的生活中具有非常重要的意义。我在前面谈到，人际关系就是一种交换、一种互惠，通过赞美别人，传达欣赏，传达认可，别人才愿意和您合作，和您交往。试想，如果别人不欣赏您，不认可您，您愿意和别人共谋发展吗？显然不会。

其实，不知道您发现没有？我们每天都在无意中赞美每个人。我们常用的社交见面用语是“您好！”，虽然“您好”现在成了一句通俗的招呼语，如果我们细想，“您好”的本意其实源于“您，不错！”所以，从这种意义上讲，“您好”就是最简单的赞美。

换言之，我们每天都在无意中赞美别人，可见赞美在我们的生活中无处不在。

3. 有效赞美的前提

赞美最重要的前提是真诚，不管您说什么，一定要真诚。只要赞美发自内心，一定会有效果。

1999年，在省工行国际业务部，有一天中午，我和徐毅在食堂吃饭，这时，陈安健总经理端着盘子坐到了我们旁边，他问徐毅：“听说你通过了跟单信用证专家资格考试①，是吗？”徐毅说：“是的。”陈总在惊讶中提高了声调：“唉呀呀！真不简单，这个资格考试好难通过的，嗯，不错不错！”这种富有激情的赞叹，因为发自内心，相信徐毅当时听了一定很开心。

如果您在赞美他人时发现对方没有得到您期待的反应，大致有以下两种原因：

第一，不真诚。

曾经有这样一位领导，每周例会上他都会对员工赞美一番。他是这样赞美的：“上周以来，有以下几位同志值得表扬，他们分别是……”我也曾经被领导这样表扬过，但我没有任何感觉。因为如果他真认为我优秀，为什么不详细说出来让大家听听呢？因此，领导的这种赞美在我们看来只是例行公事，他内心并没有真正把我们的“优秀”当一回事。

再比如，如果您是一位女士，白天买了一件很中意的衣服，晚上带回家问老公是否好看。老公带着那种特有的空泛的腔调说：“好看好看！我老婆穿什么衣服都好看！”您肯定不满意，觉得他只是在敷衍地讨好您，不是发自内心的表达。

相反，如果他说：“喔，买了一件新衣服？穿上穿上，让我看看。”然后他静静地看您套上新衣服，并围着您转了一圈，很认真地点了点头说：“嗯，

---

① 跟单信用证专家资格考试（CDCS）由国际商会（ICC）授权，英国金融服务协会（IFS）和国际金融服务协会（IFSA)合作共同推出。其签发的证书代表了跟单信用证人员的国际业务水平，受全世界承认。

这衣服不错，颜色比较亮，但不抢眼，耐看，腰围设计尤其好，很修身，这衣服一看就有品位有档次，老婆你真有眼光！”听了老公的这种发自内心的赞美，相信您会百分之百的满意。

第二，受传统文化的影响我们有时会故意显示“低调”。

就我而言，很多时候，如果别人赞美我，我会坦坦荡荡地表达我的开心：“谢谢”或者“谢谢赞美”。但受中国传统文化如“谦虚”、“戒骄戒躁”等的影响，我有时听了赞美尽管开心，但并不会显山露水。

比如，有一次在食堂和思想政治理论课教学部的董同彬老师共进午餐。他说，他在给护理班的学生上课时无意中提到了我，很多同学尖叫，问她们为什么尖叫，才知道她们对我印象非常好。

显然，董老师是在通过第三者转述的方式赞美我，我当时表面上没有任何反应，只是“喔”了一下就以其他话题岔开了。

还有，在任何时候，只要是领导或者长辈表扬或赞美我，为了表示我这个人谦虚不骄傲，我肯定会面无表情、严肃而郑重地叠声道“没有没有！”；如果在职工大会上表扬我，我心里往往会很不自在，并在口中轻声念道“没有没有”。

不管是在董老师面前仅“喔”了一声就岔开了话题，还是在领导或长辈面前面无表情说“没有没有”，其实我心里都是美滋滋的。

一位叫刘关瑞的女生也向我生动地展露了其被赞美后的心迹。刘关瑞为人真诚友善，我很欣赏。课程结束以后，她给我发来了一份感悟心得。其中有一段她是这样写的：

那次在讲“学会倾听”话题时，您当着全班同学的面，说“我之所以对关瑞很有好感，是因为关瑞是一位非常善于倾听的女生”，听到老师的当众赞美，我突然有点不好意思，但在心里早已热血沸腾，心里乐滋滋的。被赞美后的我，整个人都处于兴奋状态，感觉做什么事都觉得有劲、有意义和有价值。赞美的力量实在太强大了，愿世界上所有的人都学会真诚地赞美别人。

4. 赞美和阿谀奉承的区别

在浮沉的职场中，大家都知道怎么奉承，懂得赞美的人似乎并不多，但两者效果迥然不同。

赞美和阿谀奉承最本质的区别是，赞美源自内心，富有诚意，奉承只是说说而已。

在2013年学校放寒假之前我们专业在外面聚餐，并邀请了经管学院领导。吃饭时，我在院领导面前这样表达了对同事卢丽琴老师的欣赏："我很喜欢顺德人，顺德人很质朴，没有什么心眼，丽琴就是顺德人的代表。比如，要是有人打电话给我，问我明天是否有空。我第一反应是'对方找我有事'，为了顾及自己的利害得失，我会问对方'有什么事吗'，然后根据对方事情的难度和重要性再作出'是否有空'的回答；但丽琴就不会有这种意识，我要是打电话这样找她，她会直接回答，要么有空，要么没空，如果没空则说明原因，然后再问我有什么事。所以，我很喜欢丽琴。"

这就是赞美，真诚的赞美，真诚的好感。阿谀奉承则不是这样，我们经常在公司中碰到这样的情景：老板和员工聊天，其中一位员工插话道："领导的水平就是高！"这多半是阿谀奉承，尽管他表达了对领导的尊重，但也只是应景随口说说而已，老板听了当然高兴，但也不会有特别的感受。

赞美是无私的，而阿谀奉承全是为自己打算。

我特别善于发现别人的优点并坦荡地表达出来。比如，我经常赞美我熟悉的学生，赞美时我没有任何自私的目的，因为我不会有什么事有求于他们，赞美他们纯粹是出于欣赏。

而喜欢阿谀奉承的人就不一样了，为了从领导那里得到好处、得到方便，他们会成天挖空心思巴结领导、讨好领导。所以，有句话叫"拍马是为了骑马"表达的就是这个意思。

两者的第三个区别是，赞美为世人所爱，阿谀奉承为世人所唾弃。

因为赞美没有自私的目的，仅仅是为了表达真诚的欣赏，这种欣赏表达了对别人的认可，满足了别人的心理需求，体现了自身的教养和素质，所以人人喜爱。

阿谀奉承呢？大学毕业到了省工行以后，我最开始在国际业务部汉口办事处呆了两年左右。汉口办事处有一个曹姓同事在领导面前特别谄媚，要是碰到国际业务部总经理或者省工行的正副行长，他谄媚时那一张脸都扭曲变形了——当然，在我的阅历中，这种"高水平"的谄媚并不多见。

当时国际业务部本部在武昌傅家坡的中南大酒店八楼，由于汉口办事处是国际业务部的一个部门，我们会经常回本部。有一次，好像是中秋节，我们赶过去搞活动，进了中南大酒店的电梯，快到八楼时，我毫无意识地说了一句

“终于到家了”。在我看来，汉口办事处就那么五六个人，国际业务部作为大后方，显然是我们的家。

没想到曹姓同事为了向同在电梯里的朱经理表忠心，他带着浓重的乡音说：“这，哪是家呢？！汉口办才是我们的家！”其言外之意是他不像我——人在汉口办心却在本部。被下属“死心塌地”地追随，哪个领导会不高兴呢？记得当时朱经理听了这种说法以后哈哈大笑，并表扬他脑子转得快。

事后，同事私下说：“那个曹同事为了给自己脸上贴金，把刘宗劲给踩了下去，这让刘宗劲多难受啊！他本来只是随口说说而已，又没有别的意思。”是的，我当时不但内心难受，而且很尴尬。

有人说：一个人越是对上谄媚，他就越是对下蛮横。因为他在此处付出的人格代价，需要在别处得到补偿，而且要加倍补偿。看看我们周围的现实，是不是这个理？所以，阿谀奉承为世人所唾弃。

既然赞美与阿谀奉承有着本质的不同，而且人人喜欢，那么，面对他人的优点，就应该真诚、襟怀坦白、理直气壮地赞美。在人际交往中，这往往会给人留下友善、素养优良的美好印象。但有些人意识不到这一点。

我每年都会给外系某专业上课，我认识他们的一位专业老师。这位老师好几次这样对我说：“刘老师，你上课上得好啊，我们专业的学生，无论是在我们每学期的期中教学检查座谈会上，还是我们私下聊天，他们都会专门提到你。”

这句话听得让我很舒服，没想到，他接着总是不忘加上这样一句话：“不是我刻意在你面前说你好话啊，这确实是学生在我面前说的！”

显然，这位老师把赞美等同于奉承或拍马屁了。他担心有“讨好”之嫌，所以急忙清高地为自己“开脱”。他本意是向我示好，但这样一说，不但没有让我高兴，反而影响了我的良好心绪。

日本著名学者、社会活动家池田大作说：“为了个人阴暗的私利而极尽溜须拍马之能事那是让人生厌的小聪明，但是看到别人的优点能坦荡地赞美别人，却是胸怀宽广，能够成大事的表现。”

5. 赞美和自信的关系

生活中不少人不愿意赞美别人，一个原因是不懂得赞美之道，另一个原因就是担心赞美别人的同时好像把自己的身份给降低了。

有一次，我、徐博士和几个老师在食堂一起用餐，其中有两个外系的老师不认识徐博士，当时我是这样介绍他的："徐博士很厉害，他读博士期间就在国内某顶尖的学术期刊上发表过一篇论文，我的母校中南财经政法大学还是一所'211工程'大学，大部分教授终其一生也难以在上面发表论文，因为那家杂志对学术论文的要求特别高！"

我们学校博士不多，徐博士是博士，我也是博士，我这样赞美徐博士会降低我在他人心中的水准吗？显然不会，在赞美徐博士的过程中，我带给他人的感觉是自信、坦荡和大气。因为我能够这样赞美他，表明我也有自己的独到优势。

因此，赞美别人，其实就是肯定自己。也正是因为我们赞美别人的同时就是在肯定自己，所以，通过赞美别人，我们失去的只是胆怯和自卑，获得的永远是信心和勇气。

人际沟通有四种形态：

肯定自己的同时又肯定他人，这是自信的人；否定自己，但是肯定他人，这是顺从的人；肯定自己，但是否定他人，这种人性格偏执；如果既否定自己，又否定他人，这种人成天焦虑。

显然，我们应该做第一种人，即既肯定自己又肯定别人。那么，怎样肯定别人呢？赞美。

自信有三重境界。

自信的最低境界是："我能"；自信的第二重境界是："我不能"，人不可能无所不知，无所不能，所以，坦坦荡荡地承认自己的缺憾，这是自信的标志；自信的最高境界是："您，比我能"。

"您，比我能"怎样体现？赞美别人。因此，赞美别人是自信的最高境界。

如果您仔细观察，您会发现：真正自信的人，能够轻松认识自己的才能，他们安详、不拘小节、内心安宁健康、善于赞美他人。

因此，为别人鼓掌，也是为自己的生命加油。因为由衷地为别人喝彩，不但能够增强自信，而且能够找到继续前进甚至超越他人的动力。

6. 赞美的回报和收获

赞美的回报和收获至少有以下三点：

第一，收获快乐。

您不妨回忆一下，在我们的经历中，大家开会也好，听课也罢，如果主讲人的内容特别精彩，您发自内心地用力鼓掌表达赞美时，您是不是也特别开心？答案是肯定的。这就是赞美最直接的回报和收获。也就是说，当您赞美他人的时候，您也会从中收获快乐。

第二，收获朋友。

大概是2007年9月的一天上午，我宿舍对面新搬来一位老师。中午1点，我上床休息，刚刚睡着不久，对面传来一阵钢琴声，把我吵醒了，无法入睡。

午休是我长年养成的习惯，对方的这一举动让我很不舒服。我想，难道“中午不能打扰别人休息”这一基本常识对方都不懂吗？钢琴声还在持续，躺了十多分钟我实在难受，于是起床敲开了对方的门。

一个皮肤白皙、面容干净，满脸堆笑的高个子年轻人探出头来，我说：“您好！我住您对面，因为中午要休息，下午再弹琴好吗？”对方一脸歉疚：“实在对不起，有一个钢琴师在里面为我调琴，估计再过几分钟就会结束了。对不起！”

我们就这样相识了，那位年轻人叫郭峰——后来我一直称呼他为“音乐家”。我们的相识正应了中国那句俗语：不打不相识。

那次见面，音乐家给了我非常不错的印象：礼貌、客气、温和、谦虚有礼，让人感觉很亲切。可能是因为长期接受音乐的熏陶，他浑身还有一种脱俗的优雅。

人与人之间总是相互的，我对他很有好感，一口一个“音乐家”，他对我同样满怀善意，一口一个“刘博”。因为他总是一脸的灿烂，每次看到他我都格外开心。有时远远地看到他，我会快乐地大声招呼：“音乐家！”他同样很开怀，像见到多年未曾谋面的朋友一样。

尽管彼此住在对面，但各有各的事，有时候甚至一两个星期都难得见上一面。碰到他，我总是发自内心地说：“音乐家，只要看到你，我心情大悦！”得到欣赏和认可，他很开心：“我也是啊！刘博。”

在食堂，只要彼此发现对方，如果没有特殊情况，我们一般都会坐在一起一边吃饭，一边非常轻松、非常随意地聊天。

音乐家不但歌唱得好，而且普通话很标准，说话字正腔圆。学校每逢重大活动，都会请他做主持人。台上的音乐家潇洒、沉稳、大气、有风度，每次参加完他主持的重大活动，我一定会在第一时间表达对他由衷的赞美。

后来有一天，我宿舍的热水器坏了。和维修人员联系，对方说次日上午十点上门查看。

第二天上午一、二节有课，于是在九点四十分下课以后匆忙往宿舍赶，我宿舍在八楼（没有电梯），当我走到七楼和八楼的拐脚处，正准备上八楼时，一位老太太从音乐家的门口探出头来，她主动和我招呼：“你是刘博士？”我当时一惊，因为我并不认识她，我说：“嗯，我是刘宗劲。”

从口音判断，那位老太太是本地人，而音乐家是新疆人，所以，老太太应该不是音乐家的家人。老太太猜测我可能是“刘博士”，只能说明音乐家因为欣赏我、对我有好感，所以多次在老太太面前提起过我。

因为顺德原来是一个县，加上广东本地的女人婚后总体而言没有内地女人那样好装扮，所以，大多数顺德中老年女人给我留下的就是不事修饰的家庭妇女形象。老太太不一样，她很有气质，尽管看上去六七十岁的样子，由于她个子高，又不瘦，再加上得体的装扮，很显福态，无论怎么看都不像一般人家。

所以，我以赞美的方式回应她的招呼：“您好有气态呀，和我见过的很多本地老人不一样，您一看就很高贵，我想您要么是老师，要么原来在政府机关工作，要么自己经营了一家大企业。”

老太太听了很开心，她说：“我原来是老师，现在是顺德老年大学的校长。”我赞叹道：“难怪气态这么好！”老太太用顺德普通话说道：“刘博士，今天中午一定要和我们一起吃午饭，我带了三个菜过来，我自己做的，很好吃！”我不断婉谢她则不断邀请……

这是一个和陌生人交往的情景。一般而言，我们一眼就能看出别人在吹嘘自己，但是当我们自己成为别人讨好的对象呢？研究表明，如果奉承话是讲自己，而不是讲别人，我们会更加喜欢这位陌生人，我们的情绪会更好。不管陌生人的动机是什么，我们都不会觉得这位陌生人不真诚。

更何况，我对那位老太太是发自内心的赞美，如果要说有动机，动机就是我想借此表达我对她的美好印象。

很多人常常抱怨与同事和顾客难以相处，更不知道怎样和陌生人打交道。和人打交道很难吗？显然，远没有我们认为的那么难。

我们发现，通过真诚地赞美别人，我们还会收获朋友和快乐。

第三，帮助自己进步和成长。

赞美别人就是帮助自己，当对方在您的赞美声中得到满足的时候，他也会用同样的方式对您的生活和工作表达关切。

老板在中层干部会上宣布自己准备投资100万建立一个分公司，同时要求各部门做好相关工作。散会以后，其他人都走了，您对老板说："老板，公司发展到目前这个状态，您的这个决策正当其时。因为……"当您表达对老板的认可和自己的思考时，老板会想：嗯，这小伙子不错，居然和我想法相同。反过来，他会对您另眼相看。

再比如，谈过恋爱的人都有类似经验：在男孩追求女孩的过程中，男孩会赞美女孩漂亮、温柔、通情达理等，女孩听了以后有什么感觉呢？因为自己被肯定，她会美美地想："嗯，这个男孩好懂我啊！"她感觉找到了知音，反过来，她会认为男孩不错，是自己的意中人和理想伴侣。

所以，当我们在赞美对方的同时，我们往往会无形中把自己成功地推荐给对方，学会赞美无疑是我们进步和成功的阶梯。

7. 管理沟通中的赞美

我们怎样期待别人，别人就会怎么回应。因此，想让他人做您想他做的事，就赞美他人吧！

父母对子女的教育和培养也算是一种管理。有位老师告诉我，他的女儿都高中二年级了，在家起床后从来不叠被子。春节期间，家里来了一个亲戚，亲戚聊天时谈起自己的儿子，说自己儿子比较懒，都初三了，在家从来没有叠过被子。老师听了以后当着女儿的面说："我的女儿这一点还不错，从初中开始就学会了在家自己叠被子。"女儿一听，当时脸就红了。从此，女儿在家每天都会自己主动叠被子。

在赛场上，哪匹马会赢得比赛：是被骑师狠狠鞭打的那一匹，还是因为被鼓舞在赛场上享受奔驰乐趣的那一匹？显然是后者。因此，在管理沟通中，领导的角色，就是以宽容的心态，"贵其所长，忘其所短"（孙权语），时时鼓舞员工，打动他们的心，从而创造非凡的绩效。

赞美的目的，其实就是向下属表达您对他的尊重与重视。

身为管理者，您能识别下属的优点吗？您会热情赞美他们，从而让他们的能力得以在毫无牵制的情形下尽情发挥吗？如果忠心耿耿的员工能够带来良好的结果，身为管理者，您是否愿意立即行动，经常赞美他们以此培养他们的向心力和忠诚度呢？

身为管理者，试着欣赏员工，您的话语和行动能产生超乎想象的回报。

《南方周末》曾经登载过这样一篇短文：《领导说话的艺术》[1]。

去医院看望一位朋友。

上午9时许，朋友单位的副职领导前来慰问。领导说："小周呀，你就不要想那么多了，单位没有你地球照转，你就给我安心养病吧！"

听完以后，朋友侧过身去，一句话都没说。

10时许，正职领导也来了，领导说："小周呀，虽说单位没有你地球照转，但你要安心把病养好，单位很多事情真离不开你！"

听完，朋友挣扎着起来，请我帮他提着挂瓶，一瘸一拐地把领导送到电梯口……

美国联合包裹服务公司（UPS）亚洲区总裁说过："我们照顾好员工，他们就会照顾好顾客，进而照顾好我们的利润。"

员工需要上司的夸奖，上司同样需要下属的赞美，尤其是上司的领导在场的时候。您对他的赞美，既表明您对他的服从，也替您的上司做了一次公关活动，他怎么不对您心存感激呢？

一般而言，领导比下属更渴望赞美，这倒不是说领导比下属品格低下，而是一种需要。

比如，领导在决策时面对多种方案，要拿主意并拍板，但又无法预见后果，即使表面镇定，他内心其实是很不安的，在这个时候，他尤其希望得到下属的认可和下属的赞美。如果出现反对派，他自然需要通过赞美赢得支持。当然，在领导带领团队取得佳绩时他同样需要得到赞美以分享快乐。

（三）怎样赞美

赞美别人有具体的讲究。

比如，大多数新生婴儿长得不太好看，有些小孩出生时皮肤皱皱巴巴，像一个小老头。您去探望产妇，碰到这种小孩，如果您说："哇，小家伙长得好漂亮啊！"人家听了不一定高兴，因为听上去很别扭。但如果这样说："哇，这小家伙长得好可爱，好乖呀！""可爱"、"乖"这种词弹性就大多了，人家听了肯定开心。

---

① 居远：《领导说话的艺术》，《南方周末》2010年8月5日。

具体而言，我们可以采用以下方式赞美别人。

1. 借用第三者的口吻赞美他人

在一般人的观念中，总认为“第三者”所说的话比较公正、客观。

我曾经对我的好些在公司做高管的朋友说过，我到企业做团队沟通、团队情商培训，很受欢迎，但至今仅有黄兢和胡付忠两位同学兼好友请我到他们公司做过培训。为什么其他朋友不请我去？因为他们半信半疑。前面说过，我们每个人都喜欢有意无意地吹嘘自己，所以别人无法判断真实性。因此，如果碰到您，我要是和您聊天时说自己培训做得不错，您多半也不会相信。

但是，我现在给您说我们经管学院有一位叫做王东慧的专业课老师，这位老师讲课讲得特别好：思路清晰、通俗易懂、声音洪亮、激情四射，即使在空调房讲课她也大汗淋漓。因为上课学生评价高，近几年学校每年都会在新学年之初让王老师给新进的教师上公开示范课。

我这么一说，您相信这位老师讲课讲得好吗？您肯定相信，因为这不是她自己讲的，是我讲的。

所以，下面我们来比较一下同一个意思的两种赞美方式：

A. 您看起来好年轻啊！

B. 您真是漂亮，难怪×××一直说您看上去总是那么年轻！

A. 姜经理，我觉得您这个人太有人格魅力了！

B. 姜经理，今天和另外一个部门的几个同事外出见客户，在途中我们聊天时谈起您，他们都说您这个人好有人格魅力！

上面两句话，每句话的第二种赞美方式会更让当事人开心，因为通过第三者的口吻赞美，让当事人感觉自己的优点更加“客观”。当事人在增添对您的好感的同时，也会对背地里赞美他的人心存感激和好感。

我们经管学院有一位领导，人品和素质都非常好，员工很敬重他。和他聊天时，他至少有两次在我面前提过这样一件事：曾经有一位员工因个人困难写信向他求助。在信中，那位员工提到，因为我在私下里谈到他如何好，她才得以鼓足勇气给他写这封求助信，领导为此非常感动。显然，这位领导一直对同事提及的我背后赞美他这件事念念不忘。而我至今不知道那位同事是怎样提及我的赞美的，因为我在私下无意中多次赞美过这位为人宽厚、管理有道的领导。

这就提醒我们，我们应当常常在他人面前“随意”地、由衷地赞美我们的亲朋好友、同事领导等——您大可不必担心没有人传递信息。这种通过第三人转告心里话的做法，效果比您本人当面赞美要好得多。

2. 赞美要热情具体

一般而言，赞美用语越详实、越具体，说明您对对方越了解，对他的长处和成绩越看重。而且，您热情详实的赞美会让对方充分感知您的真挚、亲切和可信，你们之间的人际距离就会越来越近。

下面，我们依然来比较一下同一个意思的两种赞美方式：

A. 您这篇文章写得很好！

B. 您这篇文章写得很好，特别是后面一个问题写得很有新意。

点评：第二种赞美方式表明您确实认真看了他的文章，您的赞美也是内心的真实感受。第一种赞美方式则不能判断您是否认真看了他的文章，有可能是随口说说而已。

A. 领导，我觉得您真是一位难得的好领导！

B. 领导，我发现您做事雷厉风行，看问题很准，对下属又很友善，真是一位难得的好领导！

点评：第二种赞美方式非常悦耳，让领导觉得您很了解他，“懂”他。第一种赞美方式只是口水话，领导并不会心动。

A. 久仰大名，如雷贯耳！

B. 我总听朋友说您这个人机智、幽默、学识渊博、为人热情，所以一直期待能见到您，今天终于如愿了，幸会幸会！

点评：第二种赞美方式会让人产生一见如故的感觉，让他不对您刮目相看也难，因为您的详尽赞美让对方觉得您很了解他、欣赏他。第一种赞美方式则是“江湖”套话。其实，类似“小弟才疏学浅，请阁下多多指教”这种缺乏感情的、完全公式化的恭维语，虽然有时不得不说，但是从沟通的角度来看，是没有意义的。

3. 运用反语的方式赞美

前述我们经管学院讲课讲得很好的那位王东慧老师，第一次听她上课是在2007年冬天的一个下午，当时经管学院组织全体老师听她的公开课。王老师声音高亢，激情四溢，能够把枯燥无味的专业课讲得很有条理又不失兴趣。尤其是其声调的抑扬顿挫，很有说评书的天赋。我没想到老师上课可以激情到这种程度。

当天晚上，是我们经管学院的文艺晚会“经管之夜”，晚会前碰到王老师时，我是这样赞美她的：“都说你讲课讲得好，今天是第一次见识你讲课。听了以后我认为经管学院不应该组织老师听你的公开课。”

王老师脸上掠过一丝疑惑，我接着说：“你想啊，既然是公开课，领导肯定希望我们参加了这个活动以后能够以你为榜样，向你学习，但你上课的天分实在是太高了，让我们绝大多数老师难以企及，我们听了也学不到啊！”这就是正话反说式的赞美。

正话反说式的赞美刚开始听起来有点怪异，再听下去才发现原来对方是在赞美自己达到了同类的极致，这当然让人舒心。

4. 给对方没有期待的赞美

如果您的一位朋友大家公认能力很强，他自己也了解这一点，那么，赞美他能力强，他虽然高兴但也不会在其内心留下多大的波澜。

相反，称赞一个人，与其称赞他最大的优点，不如发现他最不起眼，甚至连他自己也没有发现的优点，这样效果就大不一样了。

前面说过，我有很多口头禅，比如“××，给您请安！”“尊敬的、伟大的××”。有一天中午在食堂吃饭，我和郑荆陵老师刚坐在一起，这时经管学院书记端着盘子过来并坐在了我们对面，我开口就说：“尊敬的、伟大的书记大人，向您请午安！”书记听后笑了笑说，“别、别、别，刘博士，搞得像皇上似的。”可能当时书记有事，她快速吃完饭后就离开了。

书记走后，郑荆陵老师对我说：“刘博士，我觉得你真是不错！很多人拍马屁拍得自己没有人格，让人不屑一顾，但你不一样，你的表达方式很阳光、很健康，既表达了尊重，也不会给人留下俗气的不良印象。”

当时一听，我好开心！我没有想到，我居然还有这个优点！所以至今记忆犹新。

5. 赞美男人

对人最简单的分类就是男人和女人。男女有别，对赞美的需求也不一样。那么，男人渴望哪些方面得到认可？女人呢？即怎样赞美男人和女人？

我们先看怎样赞美男人。

冯小刚在其自传《我把青春献给你》中有这样一个片断：

我，还有王朔，还有葛优，还有谁我记不清了，在赵宝刚家吃饭。那是一个节日，好像是国庆节的当晚。

刚端起酒杯，王朔突然说：不对呀，今儿是国庆节，像葛老师这一级的人不应该坐在这儿呵?

葛优忙问：那应该在哪儿呵?

王朔说：人民大会堂，国宴呵。

葛优一脸困惑，郑重其事地说：没有人通知我叫我去呀?

王朔又说：那是您不愿意去。像您这一级的还用通知吗?那是必须出席的。您是谁呀?

葛优人老实，很憨厚地笑着问：我是谁呀?

王朔：您是国宝呵，国家的面子。喝酒喝酒。幸亏您疏忽了，我要出去跟别人说，国庆节晚上我和葛优一起吃饭来着，你们说，有人相信么?

王朔用探询的目光看我们，我们几个一起摇头。

我对王朔说：人家肯定会说，您说的是梦话吧。

葛优乐开了花，那天晚上他喝醉了。

许多年过去了，我向葛优提起那天晚上的事，他仍记忆犹新念念不忘。

他说：真舒服。

因此，男人最希望自己的品行、才华、能力、责任感等被认可。恋爱中的一个现象同样能够说明这一问题的。

在一个月明星稀的夜晚，一对情侣手挽着手在公园散步，女孩看见了一颗北斗星，她明明知道那是北斗星，但她故意问男孩：“那是什么星星？”男孩平静地说：“喔，北斗星。”女孩一听，就往男孩肩上靠，并娇嗔道：“你懂得真多！”

张爱玲说得好：女人因为仰慕（男人的才华）而生爱意；男人则因为被仰慕而生爱意。

国际知名的两性问题研究专家约翰·格雷博士说："女人要信任男人，相信他的能力和潜力。男人每天都在成长，都在进步与成熟。只要改造方式得当，她可以在他身上，实现梦想中的结果。"

怎么信任男人？赞美。俗语说：每个成功男人的背后，都有一个伟大的女人。其实女人"伟大"起来也很简单，信任他、欣赏他、赞美他！

对男人来说，得到心爱的妻子的赞美，这是他的光荣、自尊和骄傲。因为"在内心深处，男人都渴望成为女人的英雄，或是铠甲闪亮的武士。"得到妻子的赞美之后，"男人于是雄心勃勃，更加关心女人的感受，虔诚地为女人付出，致力于给女人更多的快乐。"相反，"如果男人觉得不受重视，在女人的眼里无关紧要，就会变得消极而被动，缺乏奋斗的力量。随着时间的流逝，他的心情越来越坏，给女人的爱一天比一天少。"①

在这方面，我有切身的体会，因为我的妻子在这方面做得特别好。我经常给妻子分享我写的东西，或者修改她写的文章，或者转发学生给我的来信等等。妻子往往会不吝言辞，满腔热情地赞美我，让我爱意浓浓。

比如，2009年5月26日，因为某件事本人能力不及，我向一位老师写信请求帮助，然后又将那封信发送给了妻子，她晚上收到邮件以后是这样回复我的：

每次看你写的东西都是一种享受。这封信条理清晰，言辞恳切，语气不卑不亢，适度谦逊又不失文采飞扬！细细研读越发能感觉其中韵味十足！面对这样优美的文字享受，谁会忍心拒绝呢？

初次和陌生男人见面，您会热情地赞美他吗？

2011年暑假，朋友李超请武汉一大型企业的老板周总到一家高档餐厅吃饭，让我前往作陪。

自我介绍时，我谈到我曾经在湖北省工商银行呆了11年，做会计。尽管周

① [美]约翰·格雷著，于海生译：《男人来自火星，女人来自金星》，吉林文史出版社2007年第2版，第82页、149页、146页、43页。

总是机械专业出身，可能因为长期任老总，对会计和财务的理解很深，谈到精彩处，我站起来直呼："专家、专家！周总，别看您没做过会计，但您对会计的理解远远超过我，来，给您敬酒！"

因为周总的公司有很多大学毕业生，讲到现在的大学教育问题，同样很出彩，很多问题他确实讲到点子上去了。我忍不住起身："精辟精辟！今天碰到了一个内行！敬酒敬酒，看来以后要多向周总请教，我现在研究教育只是纸上谈兵，现实的东西知道得并不多。"

那天晚上，那家伙无论是谈财务问题还是谈教育问题，都深入透彻，所以我多次向他敬酒，并对朋友李超说："今天能够见识周总，完全是意外收获！"

吃完饭后，李超开车，我们先送周总回家，下车后他走了几步，又回过头左一步右一步地折了回来——他喝多了，走路有点不稳。来到车旁，指着我，他口齿有点含混不清地对我说："刘、刘、刘老师，我、我、我很欣赏你！"

李超说，和周总一起吃过很多次饭，很少见他喝这么多酒。显然，因为赞美，周总很开心。

或许您感到奇怪，作为一个大老板，难道恭维他的人还少吗？

我的理解是，第一，生活中很多人没有赞美别人的意识，更不会去做。

比如，2012年完成博士后出站报告以后，我觉得《后记》写得特别好，和一位朋友QQ聊天时我忍不住谈到了这一点，并主动把《后记》以邮件方式发送给了他，我无非是想让朋友看了以后好好赞美我一下，没想到次日朋友只用六个字作了这样简单的回复："恩赐"两字不妥。不但没有赞美，反而是"批评"，当时看到这个回复，我内心一紧，感觉拔凉拔凉的。类似情况，我经历过不少。

第二，尽管周总天天有下属逢迎，但我前面分析了，逢迎和赞美会给人完全不同的感受。

对他而言，我是一个陌生人，萍水相逢的陌生人。我没有什么事有求于他，和他喝酒我没有任何功利性目的。我的真诚赞美会让他产生被崇拜的感觉。而被崇拜，尤其是被一个陌生人崇拜，这种感觉对男人而言妙不可言。在我的热情赞美之下，我相信，周总心情特别舒畅，所以，酒自然也下得快，因此，醉了。

想想看，平时您是否会有意识地赞美一个男人的才华、能力和智慧，并在赞美时通过语言和表情传递足够的真诚？

6. 赞美女人

女人非常在乎两点：容貌和装扮。既然她们在乎这两点，我们就应当满足她们的心愿。

先说容貌。一位女人长相普通，如果您望着她的眼睛，真诚地说一声："你真美。"因为您真诚，她想，在您心中，她很美。您的真诚赞美，会让她瞬间觉得生活真是美好！至于年龄大的女性，如果您赞美她，遥想当年，她一定会生出少女般诗意的情怀。如果女人长得漂亮呢？

讲到这里，我想问您：您希望见到我妻子长什么样吗？您肯定希望——当然，您也想知道我的模样，这是人的正常好奇心理。学生也一样，因为上课谈到我妻子的大量案例，很多学生想看看我找了一个什么样的女人做妻子。

据谣传——我这里说的是"据谣传"——据谣传我妻子长得还不错。

伍馨和常青是形影不离的朋友，我曾经给她们上过课。有一次，妻子在顺德职院呆了一个月，一天我们散步时被伍馨看见了，她回宿舍以后就向常青描述我妻子长得如何如何。

第二天，伍馨和常青去图书馆三楼看书，中途伍馨下二楼借书的时候，碰巧看到我妻子也在二楼翻书，她借了书以后就回到三楼告诉了常青，遗憾的是，等伍馨带常青去找我妻子时，她已经离开了。

又过了一天，伍馨在图书馆再次碰见了我妻子，于是赶紧电话告诉常青，常青从三楼飞奔而下，终于如愿以偿。

后来，常青在路上碰到我，给我讲了这段故事。回到宿舍，我讲给妻子听，讲完以后，妻子问："完了？"我想，是啊，讲完了。突然，我回过神来，说："喔，对了，他们说你长得很漂亮！"妻子这才心满意足地笑了。

所以，无论女人长得怎么样，只要您真诚地赞美她，都会让她快乐无比。

除了外貌，女人的装扮也同样值得我们赞美，因为她们一向在乎这些。

装扮包括化妆和着装。谈到化妆，很多年以前我看过一篇文章，文章中说，很多已婚的男人不明白，女人即使在时间很赶的时候，也要在梳妆台前小心翼翼地把脸蛋修饰好。在他们看来，女人把眉毛画多一笔画少一笔，唇膏涂得深一点浅一点，实在没有什么分别。然而他们不知道女人在镜子前面得到的那份自信可以成为她们一天工作的原动力，大多数女人如果在离开镜子前得不到这份满足，她宁愿哪里也不去。我想，即使您是清高的"禁妆主义"者，在心底您同样藏着对美丽的不懈渴求。

女人好化妆，这在西方世界表现得尤为突出。很多西方国家的女人认为：如果不使用化妆品，就会觉得自己“没穿衣服”。对很多女人来说，家庭生活和公共生活的界限要由口红来划定。①

关于女人的着装，有一句俗语是这样说的：女人的衣柜永远少一件衣服，女人的鞋柜永远少一双鞋子。无数女人希望家中能有一个超大衣柜，里面装满各种漂亮的衣服，然后每天可以穿着不同的衣服美美地去上班。

国际业务部有一个同事小易，夫妻分居两地，妻子在湖北荆州，他隔周从武汉回家一次。有一次周一上班时小易说，真烦人，昨天又被妻子要求陪她去逛当地的步行街。他问妻子：“两周前我回家时不是已经陪你逛过了吗？怎么又要去？”他妻子是这样回答的：“都过去两周了，说不定又到了很多新货呢？”

有一次，我在网上看到一张名为“女人的梦想”的图片，图片内容是一个精美的鞋柜，鞋柜里面有各种各样的漂亮鞋子，我将其下载到了电脑“桌面”上，准备抽时间放在“沟通与情商”课件的恰当位置做教学之用。

五一回到武汉，妻子看到了我手提电脑“桌面”上的那张“女人的梦想”图片，问我可不可以打开看看，我说当然可以。她看了以后说：“对了嘛，这才是正常女人的生活。不过，我觉得鞋柜小了，人家大S（徐熙媛）有一个房间专门用来放鞋子，那个屋子就是一个巨大的鞋柜。”

我说：“啊？一屋啊？”她说：“当然啊，你想嘛，一年有春、夏、秋、冬四个季节，需要穿多少双鞋子？！”我说我下载这张图片是用来做教案的。她说：“我不管你把这张图片用来做什么屁教案，反正以后你一定要这样满足我啊！”

在装扮方面，女人对婚纱照的需求尤其强烈。因为婚纱照能够满足女人对自身所有美丽向往的极致。每一个女人对婚纱照都有一个玫瑰色的梦，我曾看到一张图片，图片中，老太太面容消瘦憔悴，看上去时日不多，她穿着洁白的婚纱半躺在床头，老头子则身穿西服坐在床边，这显然是在补拍婚纱照。站在男人的角度，我相信补拍婚纱照一定是那个老太太的主意。

既然女人这么痴迷装扮，所以，我们平时就应该在恰当的时候热情地赞美她们的装扮。

---

①［美］安格斯·特鲁贝尔著，孙维峰译：《笑的历史》，中央编译出版社2006年版，第77页。

卡耐基说："法国上流社会的男人，从小就受过恭维女人的训练，所以长大之后，也最能表现出绅士风度，这样的教育，实在是值得提倡。"

总之，女人永远也不会嫌您的赞美太多，这种贪心永不满足。在我看来，女人的爱美之心和男人的好色之心一样，永不停歇，直到进入棺材为止。

刚才我们分别谈了怎样赞美男人，如何赞美女人，下面，我们用一个对比事例来感知男女对赞美的不同心理需求。

我的妻子不但长相尚可，而且悟性高、有灵气，有时候对生活很有洞见。

2010年冬天，妻子陪我去了厦门大学。有一天傍晚，我们饭后在校园散步，谈到一个问题时妻子的看法朴素而深刻，我情不自禁地赞叹道："嗯，我觉得你看问题总是能够抓住实质，一针见血。"

尽管我发自内心，但当时她没有任何反应。因为长期关注赞美等沟通话题，当时我觉得奇怪，遂问她："我在赞美你呢，为什么你没有反应呢？"她淡淡地说她没感觉。我突然意识到了什么，于是有意盯了她几秒，然后一字一句地反问她："你怎么会长得这么美呢？！"听到这句话妻子突然从侧面转身，眼睛大亮，并高叫："真的？！"

直到这时，我才真切地意识到女人对美的渴求有多么强烈！男人就不一样了，要是谁赞美我长得帅（我的长相与"帅"没有关联），我也仅是一笑而过，不会有任何反应。但是赞美我的才华就不一样了。

我的同事傅秉潇老师曾经无意中看过我写的一篇随笔，发现我文笔很好。所以，他好多次见到我都说"你太有才了！"，听了这种赞美，我心里那个美呀！反正，听一次，舒服一次。

总之，男人最希望自己的品行、才华、能力、责任感等被认可。女人呢，则希望自己的容貌和装扮得到别人的赞美。这就是男女对赞美的不同的心理需求。

7. 学会几种场面话

说到场面话，我们回头分析一下前述的引导性案例。尽管那位博士的发言在我们看来"又臭又长"，但他因为自我认知能力低显然意识不到这一点，相反，他认为自己讲得很好，否则他就不会花时间准备那么长的讲稿了，所以他肯定希望得到不错的评价，主办方负责人的赞美正好满足了他的这一心理需求，从而让他心情舒畅。所以，主办方负责人的场面话体现了其教养，我们应该给他"正面评价"。

或许有人会说，明明讲得不好还要赞美他，这不是很虚伪吗？我想举一个例子来解释这个问题。

假如，假如您请我到一家高档酒店吃饭，推开包房入座，菜已上齐，我发现有蒸乳猪、烤全羊、炖狗肉、鲍鱼、龙虾、乌龟、蛇肉等，非常丰盛，我说：“这么多菜，好丰盛！而且，点的全部是动物的尸体！”

您听了肯定不舒服。但我说的没错啊，我们吃的确实是动物的尸体。可见，真话不仅逆耳，而且败胃口。

也正因如此，每次有上级领导来本单位讲话，或者有校外学者到本校作学术报告，即使内容毫无新意水平很次，本单位（部门）领导也会表达口是心非的赞美。这种场面话不是吹牛拍马，不是虚伪，这是礼节，也是素养。

当面称赞他人的孩子聪明可爱，称赞他人的衣服大方漂亮，称赞他人教子有方等，这些都属于场面话。场面话有的是实情，有的与事实有相当的差距，只要不太离谱，听的人十有八九都感到高兴，而且旁人越多他越高兴。

比如，去别人家里做客，要谢谢主人的邀请，并盛赞菜肴的精美丰盛可口，并根据实际情况称赞主人的室内布置、小孩的乖巧聪明；

参加学术论坛，进入互动环节首先要说精彩受用。惯常的做法是“刚才李教授的报告很精彩，我本人很受启发，下面，我提两个问题……”——李教授的报告是否真的精彩在这里就不重要了；

参加会议，如有机会发言，要称赞会议准备周详，有宾至如归之感；

参加婚礼，要称赞新郎新娘的“郎才女貌”，等等。

当然，场面话最好靠事实发挥。而且，场面话多用于表达恭敬或感激，切忌讲得太多，点到为止最好，太多了就感觉虚伪而且肉麻。

比如，如果您参加一个朋友的婚礼，在迎宾处您赞美了新郎新娘“郎才女貌”，后来在宴席上又反复赞美了四五遍，这就没有必要了。试问，在这个世界上，哪有那么多的“郎才”？“豺狼”倒是不少。

说“场面话”的重要性应该很容易理解，只要换个角度，把自己想象成主人就明白了。

我因为在重庆梁平生活了19年，在武汉生活了18年，习惯了内陆的早点，对广东的早茶（有点类似于内陆的早餐）一直不喜欢。

假如，假如您是广东本地人，您请我到一家高档酒楼喝早茶，即使在您看来早茶既丰盛又可口，但在我看来还不如武汉几块钱一碗的原汤粉好吃、实在。这倒不是说早茶不好，只是我不习惯其口味而已。

早茶结束时，您问我吃得怎么样，如果我据实说：“不怎么样。”您作何感想？您会想：“我这么热情，点了这么丰富的佳肴，你居然还说不怎么样，真没有礼貌！”我显然不会那样说话，相反，我会说：“嗯，太好吃了，我从来没有喝过这么好的早茶！”

下面，我们对“怎样赞美”这部分内容作一个简单的小结，概括说来，有两点。

第一，用心观察，善于发现。

只要用心，每个人都有可取之处。有一个我很熟悉的学生，文笔很好，很喜欢看她在QQ空间写的文字。有一次，没课时她和几个同学到武汉玩了几天，返校后写了游记放在空间里。和她QQ聊天时我说：“看了你的武汉游记，好亲切啊。”她说：“你不觉得我的文笔退步了吗？纯粹是乱写的。”我说：“没有啊，游记嘛，本来就是流水账形式，要锤炼文笔，那是需要时间的。像你这样，能够把短暂的经历那么详细地记录下来，足以说明你这个人心境非常的好！”她说：“哇，这话听得真受用，老师，你总是能找到别人的优点哦。”

在大学里有这样一种幽默的说法，传递的也是同样的意思：

如果一个女生长得漂亮，您就夸她漂亮；如果女生长得不够漂亮，您就夸她长得很可爱；如果女生长得也不可爱，您就夸她有气质；如果女生没有气质，您就夸她学习成绩好；如果女生学习成绩也不怎么样，她可能心地很善良，您就夸她是一个好人……一个女生不可能一无是处：因为每个人都有优点，只要用心，您一定能发现其身上闪光的地方。

第二，有意识地表达自己内心的真实感受。

我有一位同事，叫尚立云，中国人民大学毕业，在我们学院负责双语的教学和管理工作。这位老师为人谦虚、善良、低调、踏实，工作勤勤恳恳，有一次我们专业在学院“评优”中谈到她时，好些老师都发自内心地欣赏她、喜欢她。为此，有两次碰到她时，我特意向她表达了我以及我们同事对她的好感。我相信，听到同事对自己的良好评价，她一定开心感动，因为她当时反过来又表达了对我的欣赏和赞美。

“尚立云老师这个人太好了！”这是我一直以来对她的美好感受，我向她表达出来，就成了赞美。

所以，启齿赞美别人很简单，就是有意识地把自己真实的美好感受表达出来就可以了。

当然，赞美别人需适可而止。万事万物都有一个“度”的问题，言过其实、过度赞美就会变成吹捧，会给别人留下虚伪和善于奉承的印象。

还有，赞美不是无原则的。如果对方的言行举止有问题，我们就应该给予恰当的批评。

接下来，我们一起来认识批评。

三、批评是赞美的孪生兄弟

（一）关于批评

大概是2009年的一天，一个学生给我发来一份邮件，内容寥寥数语：“老师，我今天开始去培训了，培训完了才有时间去弄那个论文！迟一些日子才能发给你！”

您看，这语气友善吗？

不友善。学生为什么这样对我？那次我指导了15个学生的毕业论文，还有半个月就要答辩了，还有三位同学没有定稿。为求便捷，我没有单独找出那三位同学的电子邮箱，而是以群发的方式给15位同学发了一封邮件，内容如下：

请下列同学尽快交毕业论文修改稿

目前毕业论文未定稿的同学：张饮、李艺燕、何秋霞。

在其中的一位同学看来，我当着15位同学的面，公然批评“羞辱”了她，所以才极为不满地做了上述回复。

戴尔·卡耐基说，如果你我有心让某人记恨，只要放开顾忌，毫不保留地予以严厉批评，保证可以奏效，哪怕我们的批评完全正确，对方仍会恨你入骨。①

---

①［美］戴尔·卡耐基著，殷金生译：《人性的弱点》，江西人民出版社2001年版，第20—21页。

这一点，我自己也是深有体会的。我们经管学院有一个工学结合班，和某企业合作为其“定单”培养所需人才。企业要求我们相关授课老师编写教材，当时我负责其中一本教材的一部分。为此，2011年寒假春节期间我基本上没有休息，认真完成了7万字的初稿。

开学之后，经管学院的领导、企业相关人员以及负责编写教材的老师一起开会进行了研讨，没想到企业总经理当着那么多人的面这样评价我写的那一部分内容：“××部分内容听说是你们一位博士写的，字数不少，但空洞、不切实际，我们企业的案例一个都没有！写那么多字有用吗？”

我是当时编写教材的老师中唯一的一位博士，听到这种批评我恨自己不能钻到地缝里去。整整一个寒假的付出居然就这样被当众轻易否定了。

从此以后，我不愿意再和那家企业打任何交道，有人偶尔提到那位总经理的名字我内心都是满满的排斥。

我们每个人都不愿意接受批评，而希望听到别人的赞美——不管这些批评或赞美是不是公正。

由于受众面太大，中央电视台每年的春节联欢晚会众口难调，所以，任何一个节目，都会褒贬不一，即使“小品王”赵本山的表演也是如此。曾经看到一条新闻，说“春晚”后赵本山不会自己去看网友评论，而是让下属挑好听的念给他听。这是人之常情，因为有些网友的评论尖刻得让任何正常人都难以承受。

人其实是一种很脆弱的动物，每当有人批评自己的时候，我们会本能地排斥。而且，如果稍不注意，就会马上很本能地为自己辩护。

在这里，我们再看一条与赵本山相关的新闻，这条新闻当时曾被各大门户网站转载。

2010年4月12日的《北京日报》以《“本山喜剧”被批伪现实主义　赵本山：我也想高雅》为题，做了如下报道：

“在公司，周围的人天天都说好话，我今天就想听‘坏话’和真话。我永远感谢让我经受磨难的人和给我批评的人。”昨天，在电视剧《乡村爱情故事》研讨会上，作为出品人兼导演的赵本山开宗明义。不成想，当中国传媒大学教授曾××真说出“坏话”时，赵本山竟“冲冠一怒”，座谈现场气氛异常尴尬。

研讨会一开始，赵本山便说：“我们本山传媒集团如何做大，前方的路如何走，很希望专家提出意见，多批评、少夸奖！我这个人抵抗力很强，非常能接受批评。”

也许是受到赵本山的“鼓励”，曾教授开篇便抛开客套话，直接为赵本山开起了“苦口的良药”：“本山先生被收视率带来的鲜花、掌声给弄迷糊了，被某些不负责任的言论、没有原则的吹捧给误导了。”

曾教授对“本山喜剧”提出了质疑。他认为真正的喜剧应当以现实社会中的矛盾为基础生发出来，而非像《乡村爱情故事》等剧所展现的那样，放大人物的身体缺陷(如结巴)等。艺术家应当以追求高雅、崇高为目标和境界。

正当大家对曾教授的发言报以掌声之际，赵本山清了清嗓子，说：“首先我要说，我从来都不是高雅的人，也从来没装过高雅，我也最恨那些自命不凡、认为自己有文化的，而实际在误人子弟的一批所谓教授。高雅是从民俗进化来的，没有大俗就不会有大雅。”

紧接着，赵本山的话更像连珠炮。“我也想高雅，但它不是我的生活。这位教授提到的农村生活，我想知道，您熟不熟悉农村生活？农村到底什么样？您去没去过？您体验过吗？如果没有发言权的话，那考虑好再说。我来是想找一服对我有好处的药，别给我开一服药我吃了就死的。我想找一个好医生，不是假医生。我想吃良药，不希望吃毒药。”

看了这段新闻，您对赵本山的反应给予什么评价：正面、负面还是中性？

我平时都是到街头小巷的简陋理发店剪发，因为简单。比如在顺德，我每次都是到附近农村的理发店花几元钱单剪（不洗头、不吹发）。

2009年初，办理顺德的身份证时需要照相，想到身份证要管20年，为了让身份证上的自己“帅气”一点，受同事推荐，我到市区一家名为“新丽都”的美容美发连锁店去剪发。同事说，那家店2号理发师手艺最好，50元。

进了店，服务小姐先带我到二楼洗头按摩。那位小姐二十多岁，洗头时她问我在哪里上班，我说在顺德职院，她说老师这个职业不错。洗头按摩之后，小姐带我下了一楼，有两位顾客也在等2号理发师，小姐就让我在旁边上网等待。50元和几元的小店就是不一样，这家店在一楼腾出了一个小空间摆放了三台可以上网的电脑，供顾客等候休闲之用。

我刚坐在电脑前，刚才给我洗头按摩的小姐指着旁边的饮料柜问我：“先生，喝饮料吗？”听了这话我第一反应是：“这不变着法再收我的钱吗？我就不喝。”于是，我淡淡地说：“不喝。”这时，小姐又说：“先生，这个饮料不要钱。”我一听就后悔死了，我想：“为什么不早说呢？”但我故作平静，咬着牙说：“我真不渴。”

如果小姐一开口就说有免费饮料，我当然会喝，后来知道饮料免费我为什么要故作平静地说“我真不渴”呢？因为刚开始我说不喝，如果听说免费以后又说要喝，这会给那位小姐留下“爱贪小便宜”的不良印象，她知道我是老师，这会让我很没面子。为了表明我“不在乎”这点便宜，所以，我只好故作平静地说不渴，这样就显得“光明磊落”多了。因此，“与人相交，我们一定要切记人本身并不是一种逻辑、理性的动物，而是一种充满感情、充满偏见、充满虚荣的动物。”①

同样，对于批评，尤其是当众被批评，正常人的免疫力都是很低的。

我有一个同事，人很好，就是性格太直率让人难以亲近。生活中总有这种人，他们对于什么事情都心直口快，想说什么就说什么，这肯定不是一个好习惯。如果您也是这样，那么，在说出那些令人难过的事实真相之前，您不妨考虑一下这样几个问题：

我这么做是出于好意吗？

我所要说的事情，对于他来说真的这么重要吗？

如果他听了我说的话，对他会产生实际的影响吗？

这样能帮助他走出困境吗？

答案都是否定的，因为您伤害了他的自尊，一切道理都将拒之门外。

我们都经历过这样一种场景，很多人在会场发言之后总是会说“请提宝贵意见”。那么，此时他内心真正期待的是对方的“宝贵”意见呢，还是对方的赞美？不言而喻，是赞美。

我们总说，某某提出了建设性的批评意见。事实上，在这个世界上，根本就没有“建设性”的批评，所有的批评都是破坏性——当然，需要指出的是，我这里针对的是人际关系，不含其他，比如，对政府的批评，对社会陋习的批评，则是推动社会进步的力量。

坦率地提出批评意见的人，即使不因此招人怨恨，至少也难以受到欢迎。

---

① [美]戴尔·卡耐基著，殷金生译：《人性的弱点》，江西人民出版社2001年版，第21页。

因为人类都有脆弱的自尊心，都希望受到赞美而排斥批评。

自结婚以来，我基本上没有做过饭，都是妻子一手操办。每次吃饭时，妻子一定会问我：“今天饭菜味道怎么样？”我想，人家没有功劳也有苦劳，更何况，口味确实不错。所以，每次我都会说：“嗯，味道很合适。”

有两次例外。一次是妻子照例问我饭菜怎么样，我尝了一下小心翼翼地说：“味道不错，就是这个菜味道稍微有那么一点点咸，如果再淡一点就更加完美了。”妻子一听，尝了一口，提高了声调不高兴地说：“哪里咸啊，我觉得很好啊！”饭后她还念念不忘地补充了一句：“我觉得今天的盐味正合适，一点都不咸！”

第二次是妻子问我饭菜怎么样以后，我谨小慎微地说：“不错不错，就是今天的饭稍微有那么一点点软，要是今天的饭再硬一点点就完美了。”妻子一听，尝都没尝便气呼呼地说：“要那么硬干吗？软一点养胃！”

您看，她不是每次都铁定会征询我对当餐饭菜的味道吗？但我要是真提出批评，哪怕是一点小小的批评，她也不高兴。千万不要以为这只是女人之见，因为女人有时给我们的感觉是往往不能正视现实。其实，在不喜欢听批评这个问题上，真与性别无关。

我妻子2011年怀孕以后，她妈妈就来武汉照顾她。暑假她妈妈因事回老家呆了几天，我就临时做了几餐饭。第一天晚餐时，她看到一个素菜放了很多辣椒酱，就用略带指责的语气说：“这个菜你怎么还放辣椒酱呢？”我说：“你妈不是也这样做这个菜的吗？”她回了一句“怎么可能？！”被她批评指责，我心里相当不爽，晚上吃饭时连和她说话的心情都没有。

网上看到“成语新解”，有人是这样调侃我们的生活的：什么叫“夫唱妇随”？就是“丈夫进了歌厅唱歌，妻子跟踪尾随”。什么叫“语重心长”？就是“别人讲的话越重，心里怀恨的时间就越长”。

好一个“语重心长”新解！它深刻地道出了人类对批评的内心感受。

尽管我们不喜欢听批评意见，但是，如果明知别人有过失而不及时批评指正，那就无异于怂恿其继续犯错误。所以，我们还是得批评。只要掌握恰当的批评方式，不伤及他人自尊，相信我们的交流同样会很顺畅。

（二）怎样批评

我们先看一个在韩国流传甚广的小故事。

古时候，一位名叫黄喜的相国微服出访，路过一片农田，坐下来休息。他瞧见农夫驾着两头牛正在耕地，便问农夫，你这两头牛，哪一头更棒呢？

农夫看着他，一言不发。等耕地到了地头，牛到一旁吃草，农夫附在黄喜的耳朵边，低声细气地说："告诉你吧，边上的那头牛更好一些。"

黄喜很奇怪，问："你干吗用这么小的声音说话？"

农夫答："牛虽是畜类，心和人是一样的。我要是大声地说这头牛好，那头牛不好，它们能从我的眼神、手势、声音里分辨出来我的评论，那头虽然尽了力但仍不够优秀的牛，心里会很难过……"

这个故事最容易让我们联想到的是人，对照那个体贴入微的农夫，我们在批评别人时尤其需要顾及对方的感受。

下面，我们来看一些具体的批评方式。

1. 私下式批评

当面批评、嘲笑别人，是不可原谅的残忍行为。曾国藩说："扬善于公庭，规过于私室。"尤其是在团队沟通中，赞美（表扬）可以用文件的形式来表现，而批评只需要一个电话就足够了。管理者在公开场合批评员工会使员工感觉很没面子，甚至让员工对管理者怀恨在心。当管理者对其批评时，员工关注更多的是同事对自己的看法和反应，根本无心听取管理者的批评。这样管理的团队是缺乏战斗力的。

2. 暗示式批评

老张常年住单位职工宿舍二楼，多年来睡觉踏实。近来三楼新住进两个单身青年小伍和小傅，总是晚归，又洗又涮，让老张苦不堪言。

当面批评，抹不开面子，不批评，每晚难以入眠。于是老张就向他们讲了"一个老同志，因楼上邻居半夜动静太大难以入睡"的故事。人家一听就明白了，这样既给了人家自尊，同样又给了他们改错的机会。

3. 理解式批评

做老师之前我的语速特别快，原国际业务部同事方超英总说我说话快得不得了。2007年到顺德职院教书，给一个班讲"市场调查与技术"，上了两次课以后一个学生问我是哪里人，我说第一次上课时不是已经作了详细的自我介绍吗？学生说，他们很多时候都不知道我在讲什么，因为语速太快，很多字的音我还没有发出来就跳过去了。于是，我开始放慢语速。

过了几天，一个张姓督导来听课，听完以后他说：“刘老师，你讲课的语速太快了，一定要放慢语速。”接着，他话锋一转：“不过，99%的新老师都有语速快的毛病。”我当时很感动，感到很温暖。因为他能够站在我的角度体谅我。看上去他的批评没有任何指责的含义，但是对我的触动仍然很大，从此以后，给学生上课，我总是不忘提醒自己：“要慢、要慢、一定要慢！”现在我的语速比先前平和很多，学生也认为我现在的语速是适中的。

4. 安慰式批评

同事犯了一个错误，使您备感狼狈。您说“谁都免不了会犯错，吃一堑长一智嘛”，他一定会向您投来感激的目光，保证下次不犯同样的错误。

这种批评，让人温暖，触动心底。

5. 鼓励式批评

我们有些家长是这样训斥小孩的：“你这次数学只考了62分，太差了！你说我们做父母的容易吗？成天辛辛苦苦就为了你读书！下学期你必须达到80分以上，否则以后别想考大学！”

我给学生讲到这个话题时，有学生课后对我说：“老师，当年我爸妈就是这样教训我的，你知道当时我是怎么想的吗？我想：哼，你们这样对我，让我不高兴，我也会让你们不高兴。下次我考一个40分给你们看看！”人际交往的交换关系本质存在于所有关系之中，包括家人之间的关系。

我们不妨这样对孩子说：“我觉得你已经很努力了，尽管这次只考了62分，我相信，经过继续努力下次你应该会达到80分以上。加油！”这样听起来就温暖多了，因为没有敌意还有鼓励。

6. 批评别人宜就事论事

比如某位小姐打错了一个字，如果您说：“你真是一个糟糕的打字员！”对方一定很难受，因为她不知道错在哪里。为什么不直接说“小姐，这个字您打错了”呢？

谁都会做错事，做错了事，并不代表他这个人如何如何。错的只是行为本身，而不是某个人。

一定要记住：永远不要批评“人”。

7. 先赞美、后批评、再赞美

您吃过三明治吗？三明治最值钱的是哪一块？中间那一块。

批评人也应该像三明治那样，绝不可以只批评不赞美。批评时您最好能找一点值得赞美的事情，放在批评前和批评后说。心理学研究表明：当一个人被认可时，他的机体就会呈现出开放状态，这时候他就能够在轻松的心理感受中继续接受信息。用这种方式处理问题，您就不会把对方激怒。

在这里，我们来分析刚才提到的赵本山的那个案例，即他在电视剧《乡村爱情故事》研讨会上对批评的激烈反应。当时我看了网友评论，网友一边倒地对本山的反应给予了猛烈批评。

其实，本山大叔的反应是很正常的，我们应该给他“中性”评价，有问题的是教授的批评方式。因为教授的批评尽管是从学术角度，但让赵本山感觉不到善意。

如果教授在批评前后，能够善意赞美赵本山妙语连珠、极富幽默感的小品深受百姓欢迎，其主导的《乡村爱情故事》这部反映农村青年爱情、婚姻、事业、生活的轻喜剧能够力压众多青春偶像剧，可见赵家班实力之强大，我相信，赵本山先生是完全能够接受教授的批评的。

我最有感触的一次是在厦门大学潘懋元先生家一次例行的学术沙龙上。

那次沙龙的主题是点评几个博士生即将答辩的博士论文。一位博士生展示了其博士学位论文以后，在场的一位老师是这样说的：“×××同学这篇博士论文的优点我就不用说了，下面我来谈谈你这篇论文的几个缺陷……”

我相信当事人是肯定不舒服的。这位老师显然不懂批评之道。为什么“优点就不用说了”呢？相反，应该大说特说！点评完了优点之后可以这样说：“当然，这篇论文也存在一些小问题，第一，……”在讲完问题之后，可以再补充一句：“总体而言，这篇论文还是不错的，以上意见，仅供参考。”如果话这样说，当事人一定会非常舒服，对于其中的批评意见，她也会耐心倾听并认真思考吸取。

心理学研究表明，被批评的人最主要的障碍就是怕没面子，怕利益受损。比如，员工被批评之后，他可能会这样想：领导会不会从此不信任我了？会不会扣我的钱呢？所以，在管理沟通中，批评前，您要帮他打消这些顾虑，甚至让他觉得“功大于过”。

这种先赞美、后批评、再赞美的批评方式，我们也可以称作“三明治式”的批评。

8. 以检讨自己的不足批评别人

比如，新来的保姆用留有陈汁的勺做清汤，把一锅清汤弄浊了却没有意识到，主人可以和颜悦色地说："唉呀！我真糊涂，忘了提醒你。"既指出了过失，又避免了对方的尴尬。

有一次，厦门大学行政管理部门某老师发来邮件，让我按文件要求填一个表格，我看了他发来的文件，发现他的要求和文件不一致，我就按照我的理解填了表格，同时做了简要说明。没想到，他看了我填的表格，按照他的理解，反馈说我填错了。我再次细读文件，发现我理解没错，是他理解错了。于是我将我对文件的理解进行了详细的说明，在信件开头我是这样"提醒"他的：

不知道是我上次没说清楚，还是我没有领会文件精神，我的理解是……

对方看了我的理解和说明以后是这样回复我的：

刘老师：

我知道了，是我理解错了，呵呵。

您发现没有？原来批评还可以如此悦耳。

四、让赞美成为您的习惯

如前所述，我从"感知赞美的神奇力量""认识赞美本身""怎样赞美""关于批评""怎样批评"五个方面对学会赞美进行了阐释，接下来，我将对这部分内容进行分析总结。

我之前说过，"您好"就是一种最简单的赞美。我在学校骑自行车经常会碰到学生主动向我问候："老师，您好！"出于礼貌，我会问对方是哪一个班级的。问了之后有些时候发现我并没有给他们上过课，对方确实也不认识我，这时候，我往往会很感动。

我们有充分的理由相信，一个学生，如果每次在校园看到老师都主动地招呼“老师，您好”，他一定会从中收获舒心和快乐，同时也会在无形中锻造其素养，升华其人格。

因此，有意识地、慷慨地、没有功利地去赞美他人，让他人获得良好的内心感受的同时，这种习惯无疑也将培养我们良好的教养。

有一次我去企业做培训，我们院里有四位老师也特意和我一同前往，想看我到底怎样给企业讲课。那天下午我讲的话题正好是“学会赞美”。培训结束之后三位老师都不吝赞美之辞，其中一位老师对我说：“听了你的课，我对比了一下我自己，觉得我以后在学校的课都上不下去了，因为你的课太精彩了！”

但是，有一位老师没有任何言语。我当时很疑惑，因为我渴望获得肯定。我想，难道，难道他认为我讲得不怎么样？

第二天，一位老师碰到我，对我说：“刘老师，听说你昨天去给企业做培训了，讲得特别精彩，以后一定记得通知我也去听听！”我很好奇，因为那位老师是外系的，我问他：“你怎么知道我昨天去企业了？你听谁说的？”他说是室友告诉他的。

我知道，他的室友就是昨天培训结束之后没有赞美我的那一位老师。这时我就纳闷了，既然回去告诉室友我课讲得不错，为什么不当面赞美我呢？更何况，我当时讲课的主题正好是“学会赞美”呀！

讲这个例子是想说明，沟通课程实践性很强，了解其“知识”很容易，但要提高沟通能力，关键是要在理解的基础上活学活用，要实践。

事实上，关于人际沟通的道理，很多人都“懂”，问题在于，您“做”了吗？

在给我做班主任所在班级讲“沟通与情商”课程时，一位班干部从来不会主动上台做沟通练习。课程结束以后，她对我说：“老师，听了你的沟通课，觉得沟通的魅力太大了，而且，沟通在我们的生活中相当重要，你能不能给我推荐一些书，我想进一步提高自己的沟通能力。”

我问她：“每次上课要求大家主动上台，你为什么从来不上去呢？”她说不好意思。我跟她说，所有的人际沟通内容，我在课程中基本上都涵盖到了，她完全没有必要再去看沟通方面的书籍。如果能够认真体会我所讲内容，并照着做，从而逐步养成良好的沟通习惯，沟通能力自然就提高了。

也许，很多时候，我们都会谈到相关的东西，比如学会赞美。问题在于，能够真正将它投入到行动中去的人太少了。所以有一个很简单的事实：成功的是少数人。因为他们都是始终如一地去做，并将它变成一种习惯。

有意识地、慷慨地、没有功利地给予别人真诚的赞美吧，那将是您最光芒四射的时候：如果您是一位先生，真诚的赞美将展示您自信的魅力；如果您是一位女士，真诚的赞美足以展示您作为一个女性的全部光华。

在这里，我反复谈到要“有意识地”赞美别人。这里的“有意识”，不是造作，更不是伪善，“有意识地”赞美虽然“刻意”却不是“假意”，不等于“虚假客套”。

四川大学辛旭老师在他的一篇《礼貌是天性也是习得》的文章中谈到，很多人明确表示，就算自己有时礼貌过度了，也宁取“假礼貌”不取“真粗鲁”。不管怎样，多费心思，多讲礼貌，没有害处。所谓礼多人不怪。更何况，就算最初造作刻意，到后来就有可能固定下来而成为行为模式，要知道“姿态是可以变为习惯的”。等到礼貌成为习惯，它便将化入人生，成为“人性”之一部分，处处动人。[①]

最后，我真诚地希望，让赞美成为您的习惯。

2009年上半年给2007级会计专业讲《财政与金融》课程时，有一次我问坐在第一排的几个女生：“到上学期期末，给你们上过课的老师中谁讲得最好？”那几个女生异口同声地说：李丹！我问李丹老师好在哪里？她们说，第一、她长得漂亮；第二、她讲课深入浅出；第三、她讲课总是面带微笑。

李丹老师是2007年我们一起来到顺德职院的。顺德职院每周三下午都没有课，由各院（系）组织召开行政例会。到了周三下午行政例会时间，我远远地看见了李丹，我高呼：“丹丹！”我向她讲了学生对她的评价，她很开心。

有一次，我给物流专业一个班监考，记得那门考试课的名称是“仓储运输与管理”，发卷前闲来无聊，我问坐在第一排的一位女生：“你们这门课一听名字就感觉好枯燥啊，不管你们的任课老师是谁，这门课应该很无趣吧？”那位女生说：“这门课是很枯燥，但老师讲得特别好，我们觉得很有趣。”我问她是哪位老师，她说是师建华老师。

到了下周三行政例会，我照例把这个情节转述给了师建华老师听，同时把他狠狠地赞美了一番。

---

① 辛旭：《礼貌是天性也是习得》，《南方周末》2013年2月7日。

2008级国贸专业有一位叫谭嘉影的女生，和我很熟并加了我为她的QQ好友。有一次QQ聊天谈到她正在写毕业论文。我问她指导老师是谁，她说是董青。我对她说："董青这个老师我特别特别地喜欢，因为她为人真诚，亲和力强，善解人意，在她面前我会放下所有思想负担和她坦诚交流，很舒服。"嘉影连称"是的、是的"，然后大赞董青老师如何如何好。

因为董青老师也是我的QQ好友，聊天结束以后，我立刻就把我和嘉影同学的聊天记录转发给了董青，这里面有我对她的好感，也有嘉影对她的赞美。

以上是从我的生活片断中撷取的三个例子，这种例子很多。我希望，从此以后，您也能和我一样，养成赞美他人的良好习惯，经常有意识地、慷慨地、没有功利地表达对他人真诚的赞美。

如果这个社会每个人都养成这种习惯，整个国民的文明素养将前进一大步。

从今天开始，请您试着每天有意识地、真诚地赞美三个人。

我到企业做培训时，有人曾经对我表达过这样的困惑，说因为我在他们公司讲过赞美，所以，他反而不好意思赞美同事，担心给同事留下"是刘老师教的，他才这样做的"印象。我举了下面这样一个例子，希望能够借此打消他的疑虑。

工行原来有一个在不同部门工作、比我年长、和我多次交往的同事，有一次因为有事咨询，他通过各种方式辗转得知了我在顺德的电话，他先简单地问了一下我目前讲什么课程，我说"沟通与情商"，他问具体内容是什么，我说比如学会赞美、学会倾听、学会回应、学会真诚等。

我同时告诉他，当年和他交往，我从他那里学到了很多东西，因为他的观察能力很强，而且说话方式婉转，有分寸，他一听就说："刘宗劲，你不会是因为对学生讲赞美才赞美我吧。""老兄，我讲的可是真心话哟。"然后，我把他当年说过的一些话，我怎样受到影响，以及我把这些话引入了哪些沟通话题都一一告诉了他。

他一听，当即释然了，他知道，我是在真诚地赞美他。那一次，他滔滔不绝地和我聊了一个多小时……

所以，各位，尽情地赞美别人吧！只要真诚发自内心，不要有任何顾忌，您一定会因此收获很多很多。

每天晚上睡觉前，您需要想一想：今天，我赞美别人了吗？

第七章

怎样认识情商

前面我从五个方面详细阐释了情商内涵：认识你自己、妥善管理自己的情绪、学会自我激励、学会换位思考、建立良好的人际关系。如果您打算改善和提高自己的情商，那么您首先应该从以上五个方面逐条对照，看看自己哪些方面做得不错，哪些方面有所欠缺，如此自我分析之后，您才可能对自己的情商有一个完整的判断，从而采取相应对策完善自己。

下面，我们看看应该怎样认识情商。

一、情商和智商的区别

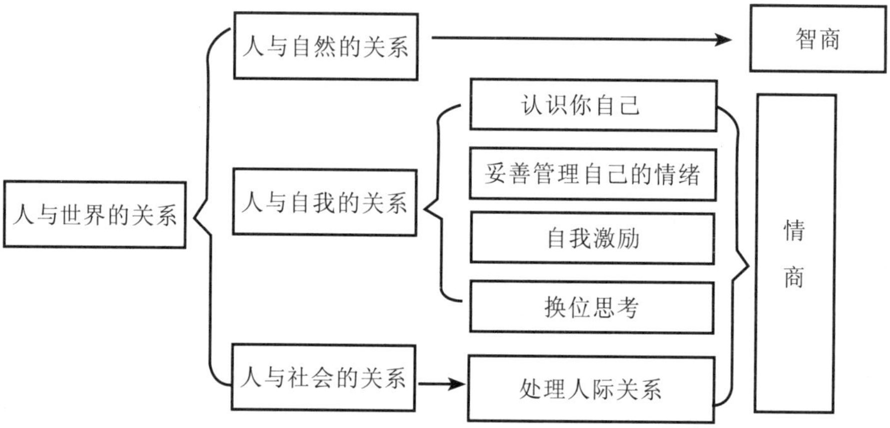

智商和情商之于生活世界的关系

上图是我对智商和情商之于生活世界关系的分析图解。或许有人会说，人与世界的关系还有一种，即“人与人的关系”。社会是由人组成的，因此，人与人的关系就是人与社会的关系。该图清晰地表明了情商和智商的区别以及与我们生活的关系，不用我过多解读，情商对于我们的一生显然意义重大。

一个公司如果只招聘一名员工，两个人前往应聘，一个是广东财经大学的学生，一个是顺德职院的学生，人家会招哪一个？如果没有特殊情况，显然是招聘广东财经大学的学生。

但是，如果公司招聘了两名员工，一位毕业于广东财经大学，一位毕业于顺德职院，最后哪一位前程更大？这就说不定了，这取决于两个人的情商对比。

在美国有这样一种说法，“智商(IQ)决定录用，情商(EQ)决定提升”。

在工业社会，一个人的学习成绩大体上代表着其适应企业生产经营和服务需求的智商水平。一个人学习成绩好，智商被不断开发，对物质世界的认知能力较强，自然容易被聘用。因此，高智商肯定是一件幸事，对个人、对家庭、对社会而言都有其动人璀璨的一面。而且，智商的高低能够非常准确地预测组织成员是否符合某一特定岗位对认知能力的要求。

但是，较之于智商，情商同样是人类智力的重要量度。文凭最初有用，一旦入了门，同事之间的差距就与情商关联很大了，特别是当一个人的情绪占据支配地位时，就算其智商比别人高二十个点都可能毫无意义。

智商和情商反映了不同的心理品质：智商主要表现人的理性能力，情商是非理性的，表现为做人的能力。

我本科在《中南财经大学报》做学生记者时认识了外系的一位同学，关系很要好。该同学毕业后在武汉一家大公司做销售，老公是她高中同学，从医科大学毕业后在武汉一家大医院做外科手术大夫。

2010年暑假，在武汉我们聚餐叙聊时，她谈到她老公，说她老公智商高情商低。我一听就很有兴趣，问她何以作出如此判断。她说，之所以说老公智商高，是因为她老公“手感”不错，外科手术做得特别好，在同行比较有名，常有病人通过各种方式向他表达敬意。说老公情商低，是因为她老公在家庭生活中特别喜欢莫名其妙地生闷气，和他沟通困难，更要命的是，他生性多疑。

比如，因为做销售，她应酬很多，晚上经常和同事出去跟客户吃饭。好多时候，当她应酬时，老公会打来电话，问同在一起的还有谁。因为老公熟悉她们部门的所有同事，于是要求她把电话给同事，以让他逐一确认。

同学说，前几天，下班前老公说不回家吃饭了，和几个同事相约去唱歌。晚饭后，同学问老公在哪个歌厅，然后她开着车跑到那家歌厅，当着老公同事的面做了一回泼妇，狠狠地教训了一下老公，她想让老公明白，他平时那样对待她，她有多么难堪！

那次我们聚餐是在中午，同学刚讲完老公的故事，老公电话来了，找她有事，同学挂电话时吐出一句话："神经病！"

我还有一位大学同学，毕业以后在广州一家外贸公司工作。那位同学对外语、计算机很娴熟，外贸业务做得很好。一次同学聚会时，他"骄傲"地说，他可以通过黑客链接的方式让自己公司的产品在英文相关界面上自动弹出广告。我问他的幸福指数有多少，以100分为最高分计算。他说50分。我感到很奇怪，问他为什么？他抱怨说自己一直在给别人打工，很累，很辛苦，收入也不高。

应该说，这位同学智商不错，但情商不高，至少表现在两点，第一、缺少自我认知能力，因为凭他这么多年以来对业务的娴熟程度，他完全可以有其他出色的表现方式。第二、缺少自我激励的能力。我们叫他离职自己开公司，他说开公司什么都需要自己操心，麻烦。反正现在也能维持生活，所以不想动那个脑筋。如果他的情商高一些，我相信，他的生活状态就不会是现在这个样子。

一般来说，智商高的人可以成为专家，容易在某个专业领域取得成就；而情商高的人则能够在顺境、逆境中穿梭自如。以上两个事例生动地表明，如果说高智商造就顶尖的职位，那么，高情商则造就顶尖的人。

当然，不同的职业需要不同的情商水平。有些工作特别是需要团结协作的工作需要较高的情商水平；有些工作如技术类工作按固定模式及高度组织化方式完成，有些工作如绘画可以靠个人完成，所需情商水平要求不高，仅需要较多的自我约束和奋斗动机。

但是，即使不同职业需要不同程度的情商水平，高情商仍将能够引领您通往人生的幸福之路。智商只有与情商联袂登台，才能淋漓尽致地发挥作用。

还有，大家都熟悉智商测验，但目前尚无真正的情商测验。有些书上列出的用纸笔回答的情商测试题准确度其实很低，因为人性复杂，情商测试需要主体根据身处其中的具体境况进行抉择和处理，有些能力（如换位思考）必须透过实况反应才能测验出来。就好比我们能够通过一种考试测出谁能成为优秀的公务员、或者优秀的教师、或者优秀的组织管理者吗？

显然不可能。所以，尽管这些年以来关于情商的研究日益丰富，但准确的情商测试方法也许永远不会出现。

二、情商的性别比较

情商存在性别差异吗？这是当然的。

我问学生，“你们认为，就同龄人而言，是男的情商高，还是女的情商高？”大多数学生回答说：女的情商高。这是他们的直觉。

直觉告诉我们，女人的情商一般都要比男人高，而且还能发现男人情商的不足。婚姻是一所学校，有人说，是女人历练了男人。

其实，上述判断仅关乎直觉。情商并不存在性别上的高低差异，只是在具体表现上各有侧重。下面我们从情商内涵的五个方面逐一进行分析。

在“认识你自己”方面，男女没有差别，因为每个人都很难认识自己，这与男女的性别无关。自我意识是唯一一个在性别上得分相等的项目。

在“妥善管理自己的情绪”方面，女人情感较丰富，对各种刺激的反应较明显，容易引发情绪的大起大落。相较而言，男人能够更轻松地适应环境，更好地应对压力。所以，在这方面男人强于女人。

在“自我激励”方面，男人自信心更强、更乐观、更有“大”的梦想。2011年5月，厦门大学，因为醉心于那里的学术氛围，非常享受那里的学习和生活。25日，我在QQ签名上写道：“心灵的生活，即是幸福的生活。这幸福，如何了得……”妻子在武汉看了我的QQ签名，当即在她的QQ签名上对应写下了这样几个字：“思念的生活，即是幸福的生活。这幸福，如何了得……”

过了两天，妻子不高兴了，她又更换了签名：“相思VS洒脱，牵挂VS梦想，different life（注：不同的生活）！”这就是男女在自我激励方面的差别。

我一直以为，女人为爱而生、为家庭而生；男人为梦想而生、为天下而生。湖北省工商银行有一个我和妻子都很喜欢、很欣赏的同事谢芳，她和我们住在同一个工行院子里。有一次，我和妻子到她家聊天，她说生儿子比生女儿好，她说她有这种想法并不是说她重男轻女，而是认为男人可以干大事，女人就差多了。

但在“换位思考”和“处理人际关系”方面，女人则明显优于男人。

也许您在阅读前面内容时会无意中发现：怎么和刘宗劲打交道的大都是女生呢？因为案例中我和男生的交往经历不多。

原因在哪里？因为我的沟通和情商话题与我们的生活紧密相连，而女性更擅长理解语言和非语言情绪信号，换位思考能力强，更善于表达和交流感受，所以她们更容易理解我的内容并能产生强烈的共鸣。男生在这方面的悟性就差一些。正因如此，平时给我发短信、发邮件的尽管也有男生，但不多，大多数是女生。因为觉得我懂得多，善于理解人，所以，有些女生也愿意向我倾吐心声，这样一来和女生的交往自然就比男生多很多。

在课堂上讲到这一话题时，我对学生说：“大家现在看看我们班上的同学，你们女同学注意到没有，我们班上的男生是不是个个都傻乎乎的呢？”听到我的这种说法，很多女生一边哄堂大笑，一边回应“是啊”。男生呢，在那里除了傻笑依然还是傻笑。

一般而言，女生在心智的成熟程度和对社会的认知方面要远远高于同龄的男生。俗话是这样说的：女的比男的“懂事”早一些。同样的理由，也可以解释为什么在婚姻方面，男人一般比女人大，很多女孩子也愿意找比自己大几岁甚至十来岁的男人，因为同龄的男孩子多半不成熟。我甚至发现，有些男人终其一生都过得稀里糊涂，他们像永远也长不大的儿童，生活在他们自己的精神王国里，无论别人怎样忠告，都难以触动他们的内心。

在这里，我讲两段与之相关的经历。我妻子的表弟在武汉一所大学读书，2011年春节后到我家玩，我妻子问他女朋友谈得怎么样，他说分手了，问及原因，他说，那个女孩嫌他“对未来没有规划，成天不想事”。说完了他忍不住问我妻子：“姐姐，你说我应该想些什么事呢？”当时我和妻子笑得都不知道该怎么回答。

大概在1998年前后，那时我28岁，有一次从武汉去深圳玩。深圳有两位很好的朋友，一位叫沈佳华，一位叫陈守红，他们和我同龄。

在深圳火车站，沈佳华和他妻子来接我，当时我就拖了一个带拉杆的小行李箱，行李不多。一起走了几步路，他妻子说："佳华，你赶快给刘宗劲提箱子啊！"我说没必要，东西不多。在他妻子的坚持下，沈佳华接过了我的箱子。

在他们家呆了一天，第二天他们开车送我去陈守红家。"交接"以后，同样的事情再次神奇地发生了。也是一起走了几步，陈守红妻子提醒他："快给刘宗劲拎箱子啊！"

这就是女人！她们比男人清醒，比男人更关注自我和他人的情感世界，她们对我们所生活的这个世界有更多的理解和感悟。俗话说，女人的心比男人"细"一些，在这里也可以解读为在"换位思考"和"处理人际关系"方面，女人要优于男人。

理论研究也证明了以上分析。卡尔·吉利根（Carol Gilligan）在道德判断方面所做的开拓性的研究表明，女性格外重视人际关系，而男性则更可能优先选择逻辑—数学的思维。[①]美国的杜布林博士认为："在面对差异的时候，女性往往更加包容，而男性则咄咄逼人。这说明女性对于建立人际关系更感兴趣，而男性更关心如何出人头地。"[②]

事实上，男女在这方面的差别从小就开始略有显现。研究表明，男孩早期大脑语言区的发育水平的确会晚于女孩，男孩5岁时，仅相当于3岁半女孩的语言发育能力。而女孩子在语言沟通、阅读、聊天等方面往往有比较明显的特点。北京大学吴必虎教授提出错龄入学观点："鉴于男女儿童智力发育速度不同，男童普遍晚于女童2年左右，同性学童之间也有智力发育差异，因此全国统一规定男女儿童7周岁入学违反教育规律。建议女童可在6—7岁入学，男童可在7—8岁入学。"[③]里面提到的"智力"，既包括我们通常所说的"智商"，也包括"情绪智力"即"情商"。

通过以上分析，我们发现，在情商的第一方面，男女没有差别；在情商的第二、三方面，男人强于女人；在情商的第四、五方面，女人强于男人。所以，综合判断，我们不能说女人情商高于男人，只是侧重点不同而已。之所以

---

① [美]霍华德·加德纳著，沈致隆译：《多元智能新视野》，中国人民大学出版社2008年版，第86页。

② [美]安德鲁·杜布林著，王佳艺译：《心理学与人际关系》，中国人民大学出版社2010年版，第114页。

③ 郭莹：《专家：男孩心智成熟晚 应比女孩晚入学》，《京华时报》2012年10月16日。

直觉告诉我们女人情商高于男人，就在于女人更通情达理，更长于处理人际关系，而很多人总是简单地把人际关系的领悟等同于情商水平的高低，于是才产生了这种错觉。

三、情商的年龄比较

请问，我20岁的时候情商高，还是40岁的时候情商高？显然，是40岁。那么，是我40岁的时候情商高还是我80岁的时候情商高，依然是40岁。

人的情商水平最初随年龄的增长而提高，到达峰值以后便逐渐下降。即情商水平和年龄呈抛物线状发展趋势。研究表明，25—45岁年龄组的人具有相对较强的情绪稳定性。[①]一般而言，从青春期开始，我们逐步对这个“人”的社会开始敏感，随着阅历的增加，尤其是经历一些挫折以后，我们的情商逐步得以提升，通俗的说法是，我们开始“成熟”了。我对很多人说过，我30岁以前“懂个屁呀”，对很多事情迷糊着呢，30岁以后才开始真正意识到生活中的某些东西。

但是，到了四五十岁以后，年纪越大，就越抗拒改变，越喜欢按习惯工作。这一点，我在我父亲身上有很深的体会。

我父亲生于1930年，高小毕业，属于那个年代的知识分子，知书达理。近些年我发现他很固执，有些做法明显不合情理，但是无论怎么对他解释，他都听不进去，仍然坚持自己的意见。毕竟，经历了七八十年的人生旅程，他的思维已经固化了，很难改变。

我有一位朋友，在大学做行政，她的上司是一位难得的好领导：为人真诚，很有亲和力，见到任何人都是一脸纯朴的笑容，认识他的人都说他情商较高，懂管理，善于与各种人打交道。

2013年春节期间和这位朋友聊天时，她无意中谈到了这位我也曾经交往过

① [印]达利普·辛格著，胡筱颖、阎佳译：《我用情商征服你 职场妙用影响力》，机械工业出版社2008年版，第108页。

的领导。朋友说，尽管上司依然是一个难得的好领导，但这几年以来，开始慢慢变得自负，在管理工作中完全以自我为中心，根本不会替下属考虑，听不得不同意见，有时在部门会议上对员工的指责让人心惊，变得有点陌生了。

朋友分析说，尽管她的上司本性善良，但由于五十多岁了，尤其是2010年评上教授和博士生导师以后，觉得别人有的他也有了，自我膨胀加剧，对别人反应的敏感程度降低，开始由一个“明君”变成了“昏君”。“看来，60岁到点退休的政策是对的，因为一般而言，人总是越老越糊涂。”朋友对上司的感慨同样说明了一个人到了一定年龄以后情商会开始走下坡路。

四、团队情商和管理情商

研究表明，客户流失的原因，70%与情商有关。作为顾客，在与公司打交道的经历中，我们有很多不愉快的经历，如果稍有其他选择，我们就很容易将对方抛弃。

我曾经有一张某银行的借记卡，在办理了网上银行业务以后，发现使用起来非常不方便。有一次，浪费了我大量时间也无法使用，在焦躁不堪之际，我拨通了那家银行的客户服务（以下简称“客服”）电话：

我：为什么你们银行的网页总是打不开，让我无法进行网上支付？

客服：可能是您的电脑设置有问题。

我：那为什么其他网页都能打开，唯独你们银行的网页打不开呢？

客服：可能是您的电脑程序与我们的网页不兼容。

…………

这不是公费电话，电话费得由我自己来支付，还与我争辩浪费我时间，让我本已焦虑的心情再次被践踏，除了厌恶，对那家银行我还会有其他感觉吗？

难道，道个歉就那么难吗？“给您添麻烦了，非常对不起！”只需要这样诚恳地说一下，我想我的心情会好很多。在这里，客服总想逞强，强调他们没问题，把问题全部往客户身上推，她既不懂得示弱，也不会换位思考，从而影响了顾客对其银行的评价。因为使用不便，客服解释又不爽心，后来我就注销了那家银行的借记卡。

对于一个团队而言，其团队精神和公司文化取决于团队情商。团队情商包括员工情商和领导者的情商。提升员工情商，有利于管理。但对团队情商起决定作用的还是领导者的情商水平。因为除了外在的社会因素，领导者的言行能强烈影响员工的情绪。在团体工作中，每个人都能捕捉到相互的情绪，每个人都会将自己的佐料加于其中，但只有领导者的调味品才是最主要的。

比如说，如果公司领导性格急躁，从来不会站在员工的角度考虑问题，在这种管理方式下，员工为了最大限度地减少工作“失误”，让领导满意，他们在工作时会只顾自己完成任务而不顾及同事，整个公司急躁成风。这样的公司，员工人心涣散，难以用心为顾客服务，也很难在同行业中产生竞争力。

相反，高情商的领导很容易奠定团队士气的基调，他们善于赞美，善于倾听，懂得回应员工的诉求，懂得真诚地关爱员工，这样的团队，很容易凝聚人心，很容易协作一致，也很容易拓展市场，当然也就很容易做大做强。

因此，麦当劳公司有一句口号：“你希望你的员工如何对待顾客，那么你就要如何对待你的员工。”

依我的认知，中国企业的团队情商水平是比较低下的。这里，不妨讲一段我与某大公司的交往经历。

因为一个可能的项目合作，一直计划2014年放寒假时到浙江一家知名集团公司面谈。该公司在业界比较有名，不但经常在中央电视台做产品广告，还经常在国内某大报宣传其公益活动，以提升其品牌形象。公司在其网站提供了总机号码，去公司之前两个星期，我每天通过总机转接市场部，但始终无人接听。我曾经三次向总机接线小姐表达过困惑，声称这不正常，我天天打电话，怎么可能没人接听电话呢？小姐说，她也不清楚，公司的市场部就这么一个分机电话，她也没有办法。

2014年1月14日，我来到了公司所在城市，并辗转在一个偏僻的位置找到了公司总部。在大门口，一位冷脸示人的女保安问我找谁。我说我还没有找到具体的联系人，并将之前的情况告诉了她。我说我刚从广州乘火车赶过来，希望她能够通过内线和市场部联系，我给他们解释，她再放我进去。

“冷脸”说：“不行，如果你没有具体联系人，我不会让你进去的。”

我说："但是，我没有办法和你们公司的人联系上啊，您看我这么远从广州过来，总不能马上又打道回府吧？"

"冷脸"说："那是你的事，与我无关。"

我说："您就不能通融一下吗？您看我这么远跑过来多么不容易。"

"冷脸"说："我怎么通融？没有预约我是不会放行的，像你这种情况我见多了。没有联系人，我们一律不得放行。"

真是秀才遇到兵，有理说不清。没办法，我只好在门边给总机打电话。我述说了我的遭遇，接线小姐说她对我有印象，但她仍然说："你应该事先联系好再过来呀。"我说："小姐，问题是，我联系了整整两个星期，一直没人接电话。小姐，您能否给我建议，我该怎么办？"

接线小姐于是问我来公司具体想做什么。我就把与其公司可能的合作创意简单告诉了她，小姐终于松口了，她说："既然你人已经来了，那这样吧，你把你的电话告诉我，我让市场部的人和你联系。"

看来，情况并不像接线小姐先前说的那样，市场部只有那部分机，她也无法联系。我至今很纳闷：公司的市场部应该是公司与外界沟通联系的纽带，对于任何一个试图联系他们的人（投资者、消费者、合作者等），整个公司应该提供热情帮助而不是冷漠阻止才对呀！

两分钟左右，一个陌生电话打给我，问我有什么事，我再次将我的合作意向简单告诉了他，他说行，于是通知"冷脸"将我放行。

那位我至今不知道姓氏（因为他没有递名片给我）的先生把我领进了公司四楼的小会议室，待我将可能的合作创意详细告诉他之后，他谈了两点想法：第一、公司与我创意相关的安排已经排到三年之后了，彼此合作的可能性不大。第二、我的合作创意涉及公司的品牌价值提升，而他只是一个普通的工作人员，建议我再通过总机联系总裁秘书，让我和总裁秘书直接谈。

那位工作人员离开会议室之后，我再次致电那位接线小姐，接线小姐说她那里显示总裁秘书不在办公室，让我把相关创意资料留在会议室，到时通知总裁秘书来取。我说我希望和总裁秘书面谈20分钟，她让我等候。半小时之后再次致电，接线小姐声称总裁秘书依然不在办公室。因为要赶下午去南京的动车，我致电接线小姐，能否告诉我集团办公室在哪个房间，以便我当面送给其中的一位员工，再让他转交总裁秘书，她说不行。无奈之下，我只好按照接线小姐的"建议"，把我那份倾注了很多心血完成的创意函及相关资料留在了公司大楼的408会议室。

直到此书付印之际，我没有收到过该公司的任何回复，哪怕是简单的、礼貌性的回复。

下楼经过一楼气派的大厅，大厅正中的电子显示屏正在不断循环播放该集团公司的宣传语，但在我看来，触目惊心：

××（公司名，下同）价值观：人品、企品、产品三品合一

××愿景：成为受人尊敬的世界一流企业

这是中国很多公司当前的真实写照，他们宣传的理念仅仅是为了迎合社会、迎合市场、迎合消费者而已，他们并没有真正理解他们所宣传的理念本身。就××公司而言，我有理由相信，其内部的管理制度和人文氛围无疑是冰冷的，那么，他们制造的产品，他们对待消费者的态度，也很难充满温情，“成为受人尊敬的世界一流企业”也只会停留在他们的宣传口号上，不会有什么实际意义。

从××公司对待顾客的态度和行事方式上看，该公司的情商水平显然不敢恭维。

当下，对我们的很多企业而言，提高团队情商比扩建厂房、扩招员工、多投广告都要重要。当一个公司从上到下都提升了情商水平时，公司业务本身也会飞速发展。

高情商驱动领导力，高情商驱动团队工作，高情商驱动客户服务水平，公司作为一个整体将从情商水平的提升中大受其益。如果一个国家的大多数公司都注重团队情商，那么，同事之间的分工合作将会更加顺畅，国民的幸福指数也将由此得到大幅提升。

第八章

怎样提高情商

一、情商的形成

情商是怎样形成的？成年人能提高自己的情商吗？如果能，怎样提高？

我们的生命有祖辈的密码，也有父母、亲人的血脉。因此，一个人的外貌、智商和情商等，都有一定的遗传基因在起作用。也就是说，情商有一部分是天生的。除了遗传的力量，家庭环境、教育以及生活经历也对一个人的情商发展起着巨大的、不容忽视的作用。

我们先看一个人出生以后家庭环境对其情商发展的影响。

孩子在成年以前，他们很难在课堂上学习情商，因为他们的生活经验还没有为这种情绪做好准备。在孩子心中，父母就像上帝那样位高权重。孩子缺乏其他模仿的对象，自然把父母处理问题的办法全盘接受下来，并视为金科玉律。

我曾经有一位同事，情商较低，其表现之一是人际关系较差。无论是工作还是生活，他不但不愿意为同事提供任何便利，而且会经常为了个人私利随意损害他人利益，丝毫不会顾及他人的感受。大家表面上对他客气，但背地里没有一个人喜欢他。他自己完全没有意识到，他日常生活中的这种言行举止潜移默化地影响了他的孩子。因为有一次同事聚餐，他非常愤怒地谈及他的女儿，说他多年来为女儿付出这么多，没想到孩子现在长大成人，做什么事都是以自己为中心，从来不会为他人着想，现在他们父女关系相当紧张，他觉得生养这个孩子真没什么意义。

其实，孩子是异常敏锐的学习者，他们与家庭中最微妙的情绪交流协调一致。父母处理彼此感受的方式、他们对待孩子的方式、他们的生活方式，都会对孩子产生很大的影响，孩子就是在这样的学习中成长起来的。

比如，如果父母从来不打麻将，晚上很少看电视，大多时候都在书房看书，那么，相信小孩以后同样会养成这种良好的习惯。因为喜欢阅读的父母向孩子证明读书是有趣的、快乐的、值得的。因此，父母懂得自律、自制和自尊，生活井然有序，孩子自然也会心领神会。

我还有一位情商较低的同事，内心不敏感，不会换位思考。有一天晚上，我到他家找他有事，我们一边看电视，一边聊天。他开始削苹果，我开始想当然地以为是为我削，没想到削完以后他给了他儿子；接着又削另一个，我想，这次应该是为我削的吧？——我倒不是想吃苹果，只是因为这是被人尊重的表现，谁，又不希望被他人尊重呢？——没想到，削完第二个苹果他自己吃了起来。过了几分钟，他突然想起来，问我："你吃苹果吗？"在这种情况下，我的回答当然是否定的。我想，小孩受其影响，以后也不会在乎别人的感受，因为他的儿子此时就在旁边无声地"感受"。

孩子们从小是从父母那里学习情商技巧的，没有父母的示范，孩子们会错过最好的学习机会。

您与您的孩子一起度过的每一个时刻都是展示情商的机会：当您在很多时候懂得克制时，您的孩子也会如此；当您关注孩子的难过感受时，您的孩子将会学习到向朋友们显示其同情心。因此，在影响孩子的情商方面，父亲和母亲拥有很多的机会。所以，从这种意义上讲，要提高孩子的情商，首先要提高父母的情商。

教育对一个人情商发展的影响，同样巨大。和父母一样，老师自身情商的言传身教也会对学生产生重要影响。而且，知识的增长对学生情商感悟力的正面影响同样不可忽视。以我为例，如果当年我小学毕业没有选择复读（后面有详述），那么，后来我不可能上高中，更不会上大学并接受研究生教育，我的情商水平也就难以达到现在的程度。

除了遗传、家庭环境和教育，一个人的情商发展还受其生活经历的限制。我们以情商中的自我认知为例。一位酒店管理专业的学生给我来信写道：

说实话，我不喜欢读书，我也认为自己不是读书的材料。由于家中哥哥姐姐成绩很好，在这种压力之下，高三最后一年通过努力我考上了这所职业技术学院。因为是女生，我不会喝酒，但通过《酒水知识与调制》这门课程，我无意中发现我非常痴迷于调酒，我希望以后能够根据人的不同情绪调出不同的酒，让他们心情舒畅，我打算毕业以后专门去做调酒师，并很有信心成为一名出色的调酒师。

中国的大学有成百上千个专业，试想，如果她不是碰巧选择了酒店管理专业，她不可能发现自己喜欢调酒，她会认为自己和不少人一样，没有任何职业爱好和特长。因此，如果没有合适的机会，您可能永远也不知道您的天赋是什么，永远不知道您的天赋能让您走多远。

二、中国教育批判

我们首先来看广州一位六年级小学生发出的感叹：[①]

朴正勋是我的同学兼邻居，我教来自韩国的他读拼音写汉字背唐诗……不过他教我的似乎要更多一点：我们在小区大堂玩闹，他会适时提醒别太大声，以免影响到正在角落里看书的某位爷爷；到他家做作业时，他会带着我们先跟他的爸爸妈妈问好；在电影院里，当我正想跟他讲解《功夫熊猫》的剧情，他立刻微笑着用食指压唇示意，旁边还有其他叔叔阿姨在看电影……

其实，爸爸妈妈和老师们一直就要求我们做个讲礼貌的孩子，天天讲、月月讲、年年讲，可是我们也没少被骂“粗鲁”“顽皮”“没教养”……也许换成朴正勋来当老师，我们会变得更加知书达“礼”？

林子威同学的感叹说明我们的教育有问题。

我们当下的教育有什么问题？看一下我们的教育现状就一目了然了。

（一）中国的教育现状

我们知道，教育包括家庭教育、学校教育和社会教育。在这里，我们重点分析家庭教育和学校教育存在的问题。

---

① 林子威：《礼仪老师十二岁》，《南方周末》2009年6月25日。

在家庭教育中，现在不少家长为了孩子的“成材”不惜拔苗助长，这是现代社会功利和浮躁的又一例证。很多家长自小孩出生以后就为孩子的未来而焦虑，害怕小孩输在起跑线上，所以从小孩两三岁甚至一岁开始就迫不及待地培养其认知技能（智商），即尽可能早地练习，尽可能多地练习。

其实，在孩子成长的过程中，最重要的并不是我们在孩子的成长早期阶段往他们的脑袋填充多少信息，而在于我们能否培养他们今后立足于家庭、立足于学校、立足于社会所需要的更为重要的特质，这些特质包括认识自我的能力、自控能力、自信心、理解他人的能力等，这些其实都涉及到小孩的情商水平。

比如，在学前阶段通过强迫和反复练习使小孩达到了小学二年级的水平，但他自控能力差，在教室里呆不到半小时就管不住自己，喜欢东张西望玩乐。那么，他进了小学、中学以后学习成绩不可能拔尖，相反，会很平庸。

再比如，在学前阶段只顾培养其智商，但在日常生活中没有有意无意地培养其理解他人的能力，那么，即使小孩以后学业优秀，成年以后他的婚姻生活、工作状况也可能会让人揪心担忧。

总之，在幼儿阶段，情绪、情感、习惯、行为的培养等这些与情商相关的“隐性教育”对孩子今后创新思维的塑造，远比通过机械记忆认几个字、学会做几道题重要得多。

进入小学以后，小孩开始进入学校的正规教育。在学校教育中，我们至少存在两方面的问题。

第一，假、大、空的价值观。

比如，我们的小学课本经常教导孩子们要热爱祖国、热爱社会、热爱人民，但是小孩子并不能理解“祖国”“社会”“人民”的概念。对于他们来说，他们真正好奇的是他们周围的世界。那么，我们能否从身边小事着手，关注他们的心灵，生动而又具体地告诉他们怎样爱爸爸妈妈，怎样学会与小朋友和老师相处？小时候教好了他们能够理解的东西，长大以后他们自然会理解热爱“祖国”、热爱“社会”、热爱“人民”。

正是由于我们的教育抽象而崇高，没有深入孩子内心，没有深入孩子的生活世界，导致小孩成年以后连起码的社会公德意识都较为匮乏。我在读博士时，因为做《中南财经政法大学研究生学报》常务副主编的缘故，和一位姓张的女硕士研究生（编辑）很熟悉，她曾经多次向我抱怨窝火的宿舍生活。

刚上研究生时，学校已安排好了房间，三人一间，张同学和其中一个女生习惯晚上十一点半上床休息。但另外一个女生每天晚上总是十一点半才开始洗澡洗衣，然后再到电脑上忙到凌晨一两点才肯罢休，搞得她们苦不堪言。张同学在那个宿舍呆了一个月，忍无可忍，被迫换了一个宿舍。

但换了宿舍，烦恼依旧。新宿舍有一个女生，外表光鲜亮丽，但很不讲究公共卫生：她小便后有时不会冲厕所，在寝室也很少拖地做卫生，偶尔扫地也只是扫她自己活动的那一块，废纸篓里的垃圾永远不倒，都是张同学和另一个室友忍受不了帮她倒的。那位女生的其他生活习惯同样让人难以接受。比如，她喜欢中午室友午休时玩电脑，键盘的敲击声特别折磨人的神经。不管午休时间还是晚上休息时间，那位女生自个儿在那里忙活，动作、声音都很大。张同学每次和我谈起那位室友，无不愤愤地说："这种人以后结婚，她的婚姻能够长久维持吗？她完全不会考虑别人的感受！"

其实，举目四望，在我们的生活中，这种做事不考虑他人感受的人还真不少。君不见，类似"不要随地乱扔垃圾""便后冲水""公共场合不得喧哗""按次序排队"这些从小就应懂得的道理现在作为公益广告无处不在，以告诫不守规矩的成年人。感觉茫茫的成人世界，怎么都还像生活在幼儿园一样？

第二，以培养学生的智商为主，即培养学生做事的能力；很少培养情商，塑造学生的健全人格。

我们的教育制度执行的是社会分层的功能，而不是塑造一个人。在整个社会浮躁不堪的大环境影响下，为了实现这种功能，我们的学校教育不顾一切地拼命往前赶，唯学习成绩马首是瞻。比如小学开始学中学的内容，中学开始学大学的内容。

据《南方周末》报道："日本NHK在中国的学校录制过一个节目，他们发现，中国初中数学的课程，比日本高中的课程还要难。北京海淀一个重点学校的英语老师说：北京中考的英语试卷题型，居然是美国田纳西州7年级英语的考题。人家考的可都是自己的母语！"①

2011年秋天，我在深圳一个朋友家中，发现他小学四年级的小孩（9岁）的英语试卷中有些词是我高中才接触到的。朋友的妻子也很不解，她说，为什么要赶着学呢？她认为小学就应该发展和培养孩子多方面的兴趣和爱好，引领其天赋和潜能。但是因为作业实在太多，根本抽不出时间来发展小孩的业余爱

---

① 蓝蓝：《爱孩子无需勇气——我的教育调查》，《南方周末》2013年4月11日。

好。而且，她本不想让孩子业余时间去培养“奥数”，但现在有些数学题目太难了，连我们这些曾经的大学生都不会做，如果不去培养“奥数”，考试时有些题目别的小孩能做自己的小孩不能做，会伤害孩子的自信心。[①]朋友无奈地感叹道：“现在的教育太可悲了！”

当然，中国教育的现存问题有方方面面的原因，体制、文化和浮躁的社会氛围都是扼杀孩子幸福的推手。

在中国，强化智商教育的根源在于高考。在高考的指挥棒下，所有的情商教育在家长和老师看来都没有任何“实际”意义。考试、分数几乎成了我们中小学学生生活的全部内容。

据《楚天都市报》2013年5月2日报道，湖北恩施州来凤县某中学在校园内竖起了一块雕像，雕像的原形是该校2012年高考时，全州唯一考入清华大学的一名学生，也是来凤县近几十年来第一个全州理科状元。为学生塑像，是因为该学生“书写了平民教育的神话”。

学生成才的途径本来有很多很多，远远不止考上名校这一条路，该校的行为无疑是应试教育的神话、分数教育的神话，倒不一定是平民教育的神话。因为“考试不能预言谁会成为外科医生、大学教授或出租车司机。它不会激发任何健全的人去探寻一堆分数背后的意义。”[②]

由于我们的学校教育一味地培养智商而忽略情商，代价是高昂的。2013年五一期间回到武汉，在小区院子里碰到原来的同事，同事谈到他的小孩教育时说，他的小孩进入小学前还活蹦乱跳的，由于应试教育一味地强调学习、强调分数，现在小孩才进入初一就已经变得呆头呆脑了，眼睛里都没有什么神采，缺少一个少年应有的活泼和热情。

2013年6月在回武汉的高铁上，临座的一位在农村中学任教的老师则告诉我，在全市各类考核中，他们学校一直在农村中学中名列前茅，但爱学习的学生并不多。校长和老师为了应付考核，成天都在告诫和“逼迫”学生学习。他

---

① 2012年11月1日，我看到国内一家知名培训公司在某大报上做的寒假培训招生广告，主标题是几个触目惊心的大字：“数数，你还剩几个寒假？”广告内容是展示该培训机构在小学、初中和高中阶段语文、数学和英语强大的培训实力。虽然该培训机构的广告内容并无不妥，但它从一个侧面反映了我们不少小学生和中学生为了“美好的未来”，连正常的寒暑假也被无奈地剥夺了。

② [美]约翰·泰勒·盖托著，汪小英译：《上学真的有用吗？》，生活·读书·新知三联书店2010年版，第209页。

觉得这些学生真的好可怜，因为这些农村孩子学习到的一大半知识以后都用不上，除了考试。这些孩子根本不知道怎样做自己，不知道怎样走上一条更健康、更快乐的成长之路，更不清楚自己的梦想和目标。除了学习他们不怎么感兴趣的课本，基本上没有其他事情值得他们花费精力去完成和体验。

我们的应试教育没有给予学生人生成长真正需要的东西，没有教育他们如何从内在而不是外在汲取自己的力量。

在学校和社会的共同影响下，“读书”成了所有人关注的唯一重点。2013年暑假，有一天下午近六点钟在公交车上碰到了楼下同事的儿子——孩子刚念完初中一年级，学习成绩一般。他说他刚上完补习班，准备回家。因为我和孩子的父母很熟悉，便问他在家跟爸爸说话多一些还是和妈妈说话多一些。他说，在家基本不跟爸妈说话，“跟他们有什么好说的呢？他们只关心我的学习成绩，每次回到家他们就问我今天学习怎么样。对于我的其他事情和想法，他们从来不过问。”

毫不夸张地说，应试教育使家庭、智慧和个性分裂，并与成千上万人的无能有很大关联。中国著名社会学专家郑也夫教授认为：“严酷的考分竞争恶化了学习过程，也恶化了学生们的心态。这个过程封闭了少年们感知科学与社会的触角，几乎吞噬了他们的全部精力，故难以哺育他们认知的好奇心，难以铸造他们宏大的理想和对社会正义的关怀。”①

想一想，小学和中学12年，我们在突击集训的考试和排名中度过，学习纯粹的知识，很难获得与我们真实的人生发展相关的体验和感受，对未来基本上没有什么概念，在我们心中只有唯一一个清晰的目标：上大学。在父母和周边亲戚的“指引”下，模糊地选择了一个基本上完全不熟悉、不了解的专业，没想到，这居然会在很大程度上左右我们的一生。听上去，是不是有那么一点不可思议？

而到了大学阶段，作为一种精神经历，其最基本的目标本来应当是发现自己，认识世界。但在强大的市场逻辑和政治引领的推波助澜之下，我们的高等教育“不仅不能阻止它的学生被套上理性主义的枷锁，而且还在尽力使这些枷锁更加舒适”②。其在实践中的表现是以传授理性知识、发展理性能力（智

---

① 郑也夫：《扩张教育一定促进发展吗》，《南方周末》2012年10月25日。

② [美]约翰·S. 布鲁贝克著，王承绪等译：《高等教育哲学》，浙江教育出版社2002年版，第28页。

商）作为主要的、甚至是唯一的目的，强调知识的灌输和行为的顺服，以社会的外在需要为旨归，对情感、意志、价值、信仰等非理性的一面则关注较少，这种“训兽式”的教育活动，让生命的尊严在主体的“无知”中被遗弃了。

在这个过程中，有少数人开始醒悟，开始思考他真正想要的人生，但大多数人依然迷茫，继续被动而机械地掌握“知识”，这显然与教育应有的伦理关怀背道而驰。每年临近毕业，有好多学生或打电话或发邮件向我倾诉找工作的迷茫——不是找不到工作，而是完全不知道自己到底适合什么样的工作。

根源在哪里？“在当下的公共教育中，孩子们的个性被严重地压抑了。即使是到幼儿园上学前班，几点干什么，都是安排好的。玩什么，跟谁玩，都是老师定的。孩子们没有选择的权力。如果在长达十几年的时间里，一个人没有选择的权力，他可能就会慢慢忘记他可以选择。”①

由于我们一直接受的是一种被动的教育，即使上了大学，我们也只知道掌握各种与职业相关的知识，仍然不会接触与人生相关联的选择教育，等大学毕业面对社会现实必须作出自己的选择时，无论是专科生、本科生还是研究生，绝大多数都茫然不知所措，只得像无头苍蝇那样盲目地去“撞”自己的未来。

尽管，我之前提到，每个人认识自己面临着不少困难，但如果我们从小到大的教育能够以情商教育为契机，创造条件让我们捕捉兴趣爱好以及生命中的亮光，培养我们自我选择的意识，那么，也不至于大多数学生毕业时对自己可能的人生走向感觉措手不及，只能到了工作以后才能艰难寻觅。

正是由于我们在教育中过分注重智商而很少考虑情商的培养，所以我们所培养的人才少了一些生命的亮色。沈伟对中国舞蹈演员的感想，从一个侧面对中国的教育问题作了生动的注脚——沈伟是国内顶尖的舞蹈家，《南方周末》称他是中国舞蹈家在国际上的焦点，如同电影界的李安、张艺谋，音乐界的谭盾，艺术界的徐冰、蔡国强。

沈伟的舞蹈团里大部分舞者都是西方人，只有一两个是东方人。记者问及原因，沈伟说：“中国出来的舞蹈演员，他们的教育太单一。他们条件很好，但是他们的考试一看就有很大的问题，太单一了，没有互动性，他没有学到真正的判断能力。现在中国的年轻人，真的把爱好放在艺术当中的还是太少了，

① 万静：《“什么破幼儿园啊，啥都不教”——〈小人国〉记录的“小人国”》，《南方周末》2011年4月21日。

都不要做艺术，都要当医生，都要当律师。什么时候变得这么实际了？”[1]

（二）我们的生活感受

如果说沈伟的视角触及中西方文化的比较，那么，通过下面的几个例子，我们一起来看看我们周围的生活——毫无疑问，这些人同样是我们家庭教育和学校教育荫护下的“产品”。

生活片断1

单位来了一个新同事，感觉这位新同事很有眼缘，所以我对她热情友善，隔段时间我会跑到她的办公室和她聊天。但后来两件事彻底改变了我对她的印象。

一是找她帮我做一件事，那件事对她而言非常简单，15分钟以内就能完成。但我催了她两次，她总说很忙，最终交给我是半个月之后的事情了。这件事让我感觉落寞，因为她这样做明显表明我在她的心中并不重要。否则，即使她真的很忙，也会忙中偷闲，抽15分钟时间优先完成我的事项。

第二件事情则是某一天，我以短信的方式，把我人生中的一件重大喜事通报给了我所有的朋友以后，同时选择了一部分同事相告。在我看来，能够被我选中的同事，都是我看重的。没想到，短信发出之后，绝大多数同事热情洋溢地表达了祝福，就她一个人只是以简单的“恭喜！”两个字做了应付式的回复，看到这种回复，我对她的好感一落千丈。我想：“在我心中，我一直认为你很重要；但是在你心中，我完全不重要。”因为这两件事情的叠加，从此以后，除非是工作上的事情，我没有再主动热情地找过她，平时见面仅会在礼节上点头招呼。

我相信，她充分感受到了我对她态度的变化，但同时我也相信她并不明白其中的缘由。后来发现，因为她平时为人太自我，和她交往的同事很少。一方面，她有时可能会对自己没有什么朋友感到不解；另一方面，她可能从来都没有认真思考过这些问题。

在这里，我坦露和这位同事交往的心路历程，您可不要认为我“小心眼”小题大做。世俗生活、人际关系没有多少“大”事，都是“小”事。在我们看来，一件事情，无论大小，只要影响我们心情和情绪的就是大事。

任何人都希望别人真诚地对自己感兴趣，任何人都希望别人感觉自己很重

---

① 王寅：《沈伟：“认识一下中国也好”》，《南方周末》2012年12月20日。

要，这是最基本的人性。我在前面反复提过，人际交往的本质就是一种交换关系。在这里，我不妨通俗地做这样的解读：您让我舒服，我也会让您高兴；您要是让我难堪，我也不会让您好过。如果能够认识到这一点，会大大加深我们对人际交往的理解。

生活片断2

我妻子读硕士研究生时，有一年暑假，导师星期一给她和一位师弟布置了一个任务，由我妻子负责统稿，要求星期五上交。为了集中精力工作，妻子每天早上去学校，晚上回家。

星期四早上，妻子照例来到学校，她发现全校停电了。没有电就无法开电脑、无法上网、无法工作，她打电话问那位师弟，问他是否知道何时来电。师弟说停电一天，同时告诉我妻子已将他完成的工作任务发到邮箱去了。于是妻子只得又从学校回到了家里办公，往返浪费了两个多小时。

我当时很好奇，"师弟为什么不给你发一条短信，提醒你今天不用去学校呢？他明明知道你这些日子每天去学校，但学校停电什么都干不了啊。"妻子说她也不明白。

回家打开电脑之后，妻子在QQ上看到了师弟在凌晨一点给她发送的留言："师姐，在吗？吃晚饭时在食堂看到通知，明天学校整个校区停电一天，你就不用到学校来了。还有，老师布置的任务我已经完成并发到了你的邮箱。我们现在一起来讨论一下？"

我和妻子看了留言百思不得其解：在正常情况下，大多有家室的人凌晨一点钟早已关电脑休息了。难道师弟意识不到这一点？通知停电为什么不通过手机短信的方式？因为一般情况下，手机如果晚上关机早上起床肯定会开机，但晚上关电脑早上未必开机。

试想，生活中有多少这样的糊涂虫，过着如此糊涂的生活？

生活片断3

在厦门大学做博士后研究期间，因为某种机缘，曾和一位女博士研究生有过短暂的交往。因同在某一个QQ群中，两年之后面临毕业时，她通过QQ和我聊天，打听我们学校的用人情况，称自己原来在内陆某省份有工作单位，因为现在家人到了广东，所以博士毕业后也想到广东谋职，希望了解我们学校有没有相关的职位空缺。

我热情、详细而又耐心地向她谈了我们学校的待遇和目前的用人情况，同时告诉她，根据她个人的专业背景，到我们学校谋职存在较大困难。半个月之后，碰巧我们学校出台了最新的教工招聘政策，我马上想到了她，于是热心地把相关文件发送到了她的QQ邮箱。

或许，这些新的用人政策文件对她来我校谋职没有什么用处；或许，她认为我帮不了她……总之，邮件发给她之后我没有收到任何回复。

我发现，生活中很多人缺乏热情，不会顾及别人的情绪和感受，不懂得回应。其实，我经常——是的，经常——碰到类似情况：别人主动向我索取相关资料，当我毫无保留地发送给对方以后，往往石沉大海，没有任何反馈，且不说感谢或赞美，哪怕是简单的回复“收到了”也没有，这无疑会降低我对对方的好感和评价。而一个人的行为处事方式总是一脉相承的，他对我是这样，那么，对待其他的人和事，他也会以同样的方式处理，这自然会降低别人和他合作相处的积极性，从而最终影响到他的生活质量。因为这种情况经历太多，让我感到特别特别的遗憾。

在我们的人际交往活动中，我们是不是有时候感到不随意、不自在？我们是不是无法游刃有余地与他人相处？我们是不是总感觉好像哪里不对劲，但又不明白为什么？这些问题，都与我们情商意识的欠缺有关。

遗憾的是，很多人没有把它真正当作一个问题看待。如果我们把这些问题当作一个问题并认真对待的话，我们会有意想不到的收获：成为一个有魅力的人，成为一个受欢迎的人，成为一个快乐的人。

除了同事和朋友，在与商业服务机构和政府机关打交道的时候，我们是不是也遭受过诸多的憋屈和不快？我们能否从中检讨教育的归因？正如德国著名哲学家卡尔·雅斯贝尔斯所说：“如何使教育的文化功能和对灵魂的铸造功能融合起来，成为人们对人的教育反思的本源所在。”①

2012年6月10日，上午，我到武汉市某邮政支局邮寄三封挂号信。工号牌上印有“用户是亲人”统一服务标志的肖姓员工收钱以后，把三张挂号标识往三封信右上角贴了以后，扔给我三张空白的“国内挂号信函收据”就了事了。

---

①[德]卡尔·雅斯贝尔斯著，邹进译：《什么是教育》，生活·读书·新知三联书店1991年版，第1页。

我疑惑地问："就这样？"对方说："是的。"我说："如果对方收不到，我怎么查呢？因为收据是空白的。""你自己对照着写吧。"没办法，我拿着收据上的条形码标识对照三封邮件填写了寄达局所在省市。然后，我对他说："你总得给我盖个邮戳吧。"于是肖姓员工才懒洋洋地在三个收据上分别盖了邮戳。

当时业务并不繁忙，而且就我一个顾客，这难免让我担心，他们会将我的信件寄出吗？

还有，偶尔我去那个邮局寄快递时，他们办理后会直接索要24元（邮寄费20元、信封3元、短信回执1元），其中短信回执1元有明显的强制消费嫌疑。

回到家以后，我拨打了11185投诉。他们的办事效率倒挺高，当天下午，一位自称当事邮局负责人的女士打来了电话，她是这样和我沟通的：

她一开口就对快递强制消费进行了辩解。她说其实很多顾客都有这个需求。我说不是每个顾客都有这个需求的，我就没有，但我有选择短信回执和不需要短信回执的自由。

知道自己无理之后负责人旋即又针对挂号信的投诉进行辩解，说他们一直非常注重对员工的培训，而当事人是新员工，培训不够，以后将加强。

我说："问题是你们的柜台服务方式导致我无法相信你们把我的邮件寄出去了啊！"考虑到11185接线员可能没有完整记录我的投诉内容，我接着说，"您能让我把当时的情景向您复述一遍吗？"

她马上打断说："这个你放心，你可以凭收据到我们邮局来查询投递情况。其实，我们一直很注重培训，你说到那位员工服务不周可能是当时顾客太多，他们事后都会再补录的。"

我说："我经常去你们支局邮寄，如果说新员工培训不够，那么，您现在去你们柜台看看，有没有一个员工是带着笑脸为顾客服务的？至于说顾客多导致服务不周，但事实上，当时就我一个人。"

显然，任何一位投诉者碰到这样的回复都很不开心。这位负责人在沟通过程中至少存在以下几个方面的问题：

第一，为什么不用"您"代替"你"呢？在商务活动中，这既体现素质，也表明对顾客的真诚。

第二，不懂得倾听，让顾客感觉不到自己被重视。在沟通中，"听"比"说"重要，尤其是在处理投诉问题时，善于倾听是一种非常重要的职业素养。

第三，不懂得道歉。道歉并非耻辱，而是真挚和诚恳的表现。事实上，如果犯了错真诚道歉，曾经受到不公平对待的一方就会恢复心理上的平衡，并多半会感动于心，并采取相应行动，从而尊重对方，并满足对方的自尊心。

第四，不懂得沟通的基本之道——“真诚”。从上面的回复过程中我们发现那位负责人只知道辩解。如果她是真诚地为顾客着想，那么，她不但会道歉，还会提出改进措施。而且，如果她真诚，我一定能感知得到。

第五，对其服务对象即顾客没有敬畏之心，缺少一种谦卑的情怀。无疑，敬畏和谦卑都是一种素养，特别是在人际沟通中。

尽管上述情况应该只存在个别邮局的个别人身上，但是，上述负责人在沟通中反映出来的情商问题在中国司空见惯，具有典型意义，相信您一定有切身感受。这种现象也是中国现代化进程中国民的真实写照：行为粗鲁、不守规矩、过于聪明、缺少诚信。或者说，内心纯正、举止文明、注重细节是我们民族在追寻中国梦的过程中亟待提高的国民素养。

“如果情商成为衡量人类素质的基本要素，影响力和智商一样广泛，那么我相信，我们的家庭、学校、行业和社区会变得更有人情味、更生机勃勃。”① 对此，我深以为然。

三、怎样提高情商

（一）通过情商教育提升当下教育的精神高度

如果我们的教育不仅培养学生的智商，还关注学生的情商，相信我们的人生会丰富很多。

我读博士时，郭同学妻子生子，他在同年级的博士QQ群中邀请大家次日前往某酒店庆贺，到时由班长（当时在线）致辞。言行举止总是别具一格的陈同学当即在QQ群上坚决反对，称既然是私人聚会，就完全没有必要让“组织”参

① [美]丹尼尔·戈尔曼著，杨春晓译：《情商：为什么情商比智商更重要》，中信出版社2010年版，序第8页。

与其中。如果由班长致辞，他将拒绝参加。

我们都了解陈同学，他并不是要为难郭同学和班长，因为他就这种性格，对任何人都是这样。但是，当时看到陈同学的反应，我心头仍然一紧：“他怎么会这么想呢？”相信郭同学和班长内心相当不悦。

如果，如果我们从小开始情商教育，通过课堂讨论，让陈同学感知到尽管同一个事情很多人有不同的看法，但如果同一个事情大多数人和他的看法不一样，那么，他也许会学会反思，尊重他人，并逐渐地不再自以为是了，他的人生意味也就会和今天不一样了。

情商教育在美国的推广比较普遍。丹尼尔·戈尔曼在他的那本《情商：为什么情商比智商更重要》中作了比较详细的介绍，这对我们国家开展情商教育具有很好的启发和借鉴意义。他在书中写道：①

美国的情商教育可以追溯到20世纪60年代的情感教育运动。当时的理念认为，对于心理和激励方面的课程，如果能够知行合一，学生的体会就会更加深刻。情绪素养不是用情感来教育，它教育的是情感本身。情商教育课程和良好的家庭教育一样，在一定的年限内持续不断地传授给儿童，从小处着眼，但效果很显著。随着时间推移，情绪学习慢慢变得根深蒂固：经验不断重复，大脑神经通道得到强化，形成神经习惯，在遭受强迫、沮丧、伤害时加以运用。日常的情绪素养课程看起来无足轻重，但结果——得体的行为——对孩子未来的影响非常显著。

之前，孩子们遇到的困扰，如被嘲弄，被排挤，遭到恐吓、“他们总是引诱我抽烟”等，这些对他们生活影响很大的问题，先前通常只能在学校外面讨论，孩子们通常把这些问题埋在心里，在深夜无人时翻来覆去地想，没有人可以倾诉。但在自我科学的课堂上，孩子们可以公开讨论这些问题。每次讨论都会有助于自我科学课程目标的实现，也就是说启发儿童对自我与他人人际关系的认识。情绪教育的新策略不在于开设一门新的课程，而在于把感受和人际关系课程与现有的一些课程结合起来。情绪课程可以与阅读和写作、健康、科学、社会研究以及其他标准课程有机结合起来。

① [美]丹尼尔·戈尔曼著，杨春晓译：《情商：为什么情商比智商更重要》，中信出版社2010年版，第294—317页。

美国有优秀的情商教育团队在各类学校中服务。但是在中国，由于学校的应试负担很重，可行的方法是提升所有老师的素质，让他们把情绪教育潜移默化在自己的教学过程中。制造产品的机器有问题，会产生次品；育人的环节不完善，会培育出有问题的人。卡耐基基金会会长及精神病学家大卫·汉堡博士指出，“延迟满足，以恰当的方式承担社会责任，对情绪保持克制，以及保持乐观情绪”。换言之，情绪智力——是儿童从学校获得的所有宝贵财富当中的一种。

青春期是一个人生理、思维能力以及大脑功能发生急剧变化的时期，因此也是学习情绪和社交经验的关键时期。这个转折点对于青少年建立亲密的人际关系、化解友情危机以及培养自信心，将起到很重要的作用。

是否在名义上开设了情绪素养课程并不重要，重要的是如何将这些课程传授给儿童。也许没有哪一个科目对老师资质的要求如此之高，因为老师如何进行教学本身就起到了示范的作用，也就是情绪竞争力的现实教材。老师对一个学生作出回应，其余二三十个学生都在学习。

情商教育可以帮助孩子们胜任人生中的种种角色，成为更好的朋友、学生、儿女，在未来成为更好的丈夫和妻子，员工和老板，父母和公民，整个社会也会因此受益。研究数据表明，尽管课程不会在一夜之间改变学生的行为，但随着学生年复一年地接受情商教育，学校的风气以及学生情商竞争力水平都得到了明显的改善。

在大学教育阶段，由于我们开始接触各种不同的规则、价值观以及专业技能，我们开始在不同的知识体系和不同的观点之间建立起有效的联系，因此，应该有意识地加强学生的情商教育。

大学教育不应该过多地考虑学生的职业发展是否与职业岗位相匹配的问题，否则，这会导致他们在强制、监督和惩赏中成为丧失个性特色的毫无生气的木偶。毕业进入社会以后，他们会进一步失去自我，并压抑自己的兴趣而工作。

大学应该关注那些对学生发展具有内在价值的领域，即学习起来令人愉悦的方面，让学生个体根据自己的价值系统来确定自己的目标及人生的方向，以选择和扮演合适的社会角色，从而将来在社会上占有一席之地。著名教育家刘道玉在谈及“中国梦”时说道：“未来大学什么样？我设计了一个教育仓储模式，像超市应有尽有，学生任意挑选，不受限制。”

总之，大学不能一味地传授技能，也不能仅仅成为挣钱的教育徽章。良好的高等教育应该通过情商教育使一个人成为真正的人，使其理解他们个性中的有意识的和无意识的组成部分，从而增进个体对生命的理解、控制、美化和享受。

（二）成年人怎样提高情商

成年人能提高自己的情商吗？答案是肯定的。

迄今我们无法确定一个人的智商、情商有多大比例与生俱来，但可以确定的是，一个人的智商在18岁以前通过教育得以不断提高，而情商水平大概在45岁以前通过自主开发和有意识的培养得以不断提升。

关于自主开发。每个人在参加工作进入社会以前，由于他没有什么生活体验，他很难感知情商的智慧。正如中国当代著名教育理论家鲁洁教授所言：“对于任何人来说，他自己的生活经历、生活遭遇都是他理解和体验生活意义的不可缺少的、最切近、最直接、最真实的基础；同样也是他理解他人的重要依据。人与人之间的意义沟通，往往需要通过相类似的生活经历和遭遇的桥梁。一个缺乏生活经验的人往往难于去理解他人的感受，难于进入他人的意义世界。”①

就好比说，从来没有吃过冰淇淋的人，你对他再怎么描述冰淇淋都没有用，但如果他真正尝了一口，那么所有的语言都成了多余。②就我而言，我的情商发展大多是在工作以后，在挫折和感悟中自己慢慢探索发展起来的。

关于情商培养，感悟和行动至关重要。

了解情商的“知识”很容易，一如您在这本书中已经阅读到的内容。但要提升情商，关键是要在感悟和理解的基础上实践，要知行合一。

一个不可否认的事实是，中国的绝大多数管理者都“知道”管理之道在于激励，在于约束。可是，又有多少管理者真正领悟到了这一真谛并用之于实践呢？

文秘专业有两个女生和我很熟悉，我请她俩吃过好几次饭。有一次吃饭时我提醒其中一位同学说，对她而言，提升情商的关键在于实践。比如，她上课

① 鲁洁：《教育：迷人的意义世界》，《新课程》2007年第8期。
② 张德芬：《遇见未知的自己》，华夏出版社2008年版，第12页。

坐第一排，总低着头，很少凝视我，即使我讲了“学会倾听”以后，她也没有任何改变。

“你这样做让我感觉不太好喔，我说过，在倾听中要学会通过表情和体姿传达对对方讲话的兴趣，你上课总是低着头很容易影响我的情绪。”她是怎么回答我的呢：“老师，我确实一直在认真听你上课，只是习惯了低头而已。”我问她平时习惯赞美别人吗？她说不会，以后也不会去刻意赞美别人，因为大家都了解她的说话风格，直来直去……

这时另一位来自广东茂名的黄家瑜同学提醒她：“你不要总是为自己辩解，说‘这也不会那也不会’，要学会改变自己。事实上，通过老师的这门课，我每次都下意识地检点自己的日常行为，改变了不少。而且，我现在也充分享受到了良好沟通所带给我的让人惊喜的变化和非常愉快的生活。”

黄家瑜同学是不错的，她不但理解了我的内容，而且还在用心实践。另一位同学呢？显然，她并没有真正感悟并理解到我所讲内容，更不会用之于生活。

“沟通与情商”是一门实践性很强的课程，要让别人做到，首先要求自己用心做到，因此，近几年的“沟通与情商”教学对我自己而言也是一个很大的提升。

比如，在一次会议上，某位老师大谈其“精品课程”建设，在我看来，说的全是理想状态，在现实中根本无法操作或实践，[①]我完全可以有理有据地把她驳得无话可说。要是在先前，我可能会以“探讨”的口吻说出自己的意见，借此展示自己水平高从而希望得到对方认可。

但是，讲沟通时我在“学会示弱”中讲到，要学会示弱，满足对方的自尊心，这样别人才会对您充满好感，否则，对方会对您充满敌意。所以，现在碰到这种情况我会有意识地不争辩，只是静静地听，主动示弱。

因此，感悟和行动对提升情商水平至关重要。

当然，并不是每个成年人都可以提升自己的情商水平。其例外的情况是，情商很低的人因受其根深蒂固的思维左右，情商难以发展，因为他们完全无法

① 当然，该老师的这种做法也完全可以理解。因为自古以来，“假、大、空”在中国长盛不衰，在崇“上”、唯“美”的环境下，我们都热衷于做表面文章，因此，我们的不少工作仅仅是在口头报告和文件中“稳步推进”，与现实并不一定有多大关联。所以，作家余华说，中国最大的现实就是超现实。

感知真实的自己和外面的世界，他们的思维方式完全被自己给囚禁了。通过学习和培训，他们最多“知道”情商的内涵，但他们无法理解情商的真谛和智慧——事实上，他们对相关内容基本上也没什么兴趣——所以，很难提高他们的情商水平。

但是，情商一般和情商较高的人则完全可以通过系统的培训提升自己的情商。

有一天上午10点过一点，我到本院某专业办公室聊天，看到四十多岁的汤老师容光焕发，精神状态很好，我是这样在赞美中和她打招呼的：“哇，我看你生活过得很滋润嘛，满脸红光，气色很好！”汤老师一听很开心，她在自我肯定中反问道：“是吗？！”

这时，旁边一位五十多岁的艾老师插话了：“刘博士，你不知道，之所以这样是因为她刚刚给学生上完课回来。你知道，上课时我们都会使出浑身的力气，就像做了一场运动一样。”

我认真地说：“不止因为上课吧？你看汤老师嘴也很红润啊，一看就知道不是化妆化出来的。”

艾老师同样很认真地说：“她嘴唇的颜色不是红，那是乌。你不知道吗？汤老师有心脏病。”汤老师一听，脸色顿时黯然……

您可不要以为艾老师在故意为难汤老师，她和汤老师平时相处挺好。再说了，汤老师还是专业负责人呢。其实，艾老师人挺好，为人真诚，从来不会和别人斤斤计较，并且乐于助人。那么，艾老师为什么会这样说话呢？艾老师对技术很在行，可能是因为常年和数字程序打交道，她没有意识到某些东西。我想，她要是听了我的“学会赞美”，她是不会那样随意表达感想的。

就沟通和情商的关系而言，一个人情商水平的高低在很大程度上通过沟通来体现，所以，下一本书《沟通的智慧》对于提升您的情商水平将很有帮助。

就您而言，如果您能通过本书真正理解情商，那么，有一种方法可以帮助您提高情商。在生活和工作中，您会接触到各种各样的人，有些人情商高，有些人情商低——当然，大多数人情商一般——你完全可以通过与情商高、情商低的人比照，反观自己，从而有意识地提升自己的情商水平。

比如，有一次在食堂和三位老师吃饭，老师A谈到自己报考博士研究生失败的事情，刚说了两句，另外两位老师B和C立刻打断了他的发言，同时开始阐明自己的看法，最终B老师占了上风。但B老师依然没有完整地表达自己的意思，就被A老师打断了，A老师开始反驳B老师的意见，谈了不到三句，C老师又打断了A老师的话，开始表达自己的想法，这时B老师又开口了……

当时，我坐在那里，静静地想，在场的三位老师显然都没有良好的倾听意识和倾听习惯。我相信，当他们自己说话被别人贸然打断的时候，内心肯定会不舒服。如果他们能够通过自己的内心感受反观别人，换位思考，他们就会明白，认真倾听别人说话，不随意打断别人讲话，既是对对方的尊重，也是一种良好的素养。那么，通过这种方式，不断从小事上完善自己，我们每个人都能逐步提高自己的情商水平。

所以，提升情商水平并不是一件很难的事情，不是说您要从头开始学，去国内外名校学，它就源于我们的日常体验和行动。在有意识的行动过程中，随着时间向前推移，我们的情商自然就提高了。

因此，您不妨试着改变，从今天开始，从现在开始，有意识地提升自己的情商水平。当然，这需要自我改革的勇气和再生的决心。

第九章

高情商：人生幸福的DNA

一、情商与世俗的“成功”没有相关性

情商与社会地位和财富等世俗的“成功”没有关联。

也就是说，情商高并不意味着一定会获得官爵、占有很多财富、拥有较高的社会名望。我们最多只能说，高情商的人容易进入社会的精英阶层，在获得财富方面占有优势。但是，如果某人官位很高，或者说很有钱等，则不能依此判定他的情商高低。换言之，情商与世俗的“成功”之间没有多大的必然关系。

或许有人难以理解，一个人情商低他怎么可能获得官位或财富呢？这种现象在生活中其实是普遍存在的。

比如，某人尽管人际关系糟糕，但他渴望当官，自己也善于谄媚领导，最终通过各种见不得人的手段达到了目的。在成功上位后，他对待属下可能会蛮横霸道，不得人心。但是，在世俗的眼中，他是“成功”的。生活中这样的官员并不少见。

当然，还有一些业务能手，比如工程师，比如教授，因为在技术（学问）方面的专长，即使情商低，也容易晋升。

再说财富，如果一个人情商低，他也完全可能通过非法手段或者因为运气（如中彩票）获得巨额财富。

官位、财富这些东西，价值观是中立的，其与情商的关联，关键是看怎么利用，怎么对待。同样是官位，高情商的人运用权力的方式是建设性的，比如，为官一任，关注民生，为其理想和抱负做出有生命力的实践，在这个过程中，他会产生强烈的人生成就感；同样是财富，高情商的人可能通过开办企业

发家致富，其财富是发自内心的目标，即把它当成达成意义的手段。这样的人生，是圆满且让人仰止的。

既然情商与世俗的“成功”没有相关性，那么，它与什么相关？

二、情商仅与整体的幸福感相关

一个人如果情商低，他肯定是不幸福的。

比如，上面所说的那位低情商的领导，由于他运用权力的方式是破坏性的，他会遭人唾弃，并遭遇很多我们无法体会的种种不如意，他内心是不幸福的。

上面所说的低情商的财富获得者也一样，因为那种财富不是通过自己的勤奋和努力所得，他可能会因为成天担心暴露或恣意挥霍精神空虚而内心不安，同样没有幸福可言。

所以，社会上有些人名利双收，风光无限，但由于其情商较低，在表面的光鲜背后，其生活状态是很多常人难以忍受的，他们时常感到沮丧，因为他们的生活状况与其真实愿望是有距离的。

相反，高情商则意味着怡人的幸福生活，而幸福是我们存在的全部理由，是人类一切活动的终极价值。情商提升之路，就是一个人的幸福追寻之路。

阅读本书至此，从我的情商解读中反观我本身，您不但会发现我情商较高，还能充分感知我的快乐和幸福。由于个人及家庭的一些特殊情况，大学毕业这么多年，我的物质生活状况一直较为窘迫，没钱买小车，更没钱买新房，平时主要依靠公共交通工具出行，坐出租车的次数屈指可数。尤其是来到顺德职院以后，尽管在经济上依然寒碜，但因为工作得心应手，生活简单充实，更因为梦想的执著和坚定，我深信以后我的经济状况会得到很大改善，何况还有可以尽情展望的锦绣前程，所以感到特别特别的幸福。

在这里，不妨通过一个陌生人的视角，扫描我的生活状态。

2010年暑假前，我大姑的外孙女饶晓红给我电话，向我咨询如何选报大学专业。之前我们相互并不认识，因为大姑嫁到了离我家较远的地方，大姑的女儿成年以后又嫁到了一个更远的地方。大姑知道我在大学读书多年，对大学很了解，所以，晓红高考选填专业志愿时，大姑让她打电话向我咨询。

大家都知道，高考选择专业就是选择未来。于是，在电话中，我结合我的人生经历以及她的大致想法谈了一个多小时。聊天快结束时，晓红突然冒出一句话："表叔，我感觉你怎么像书上写的？"我当时一蒙，因为不明白她这句话的意思。

她说："虽然到现在为止我还是一个高中生，还没有怎么接触社会，但我知道社会很复杂，工作和生活中肯定会有很多不如意的地方，但是，刚才听你谈你的人生经历和想法，我觉得你的生活太纯净、太美好了！像书上写的一样，感觉不真实。当然，我倒不是说你没说真话，你的语气告诉我你说的肯定是真话，我只是觉得你的生活状态太好了！"

这个小姑娘无疑是很敏锐的，她居然能够通过和我聊天感知我内心的生活。

我的确是快乐而幸福的。大学毕业以后，在炎炎夏日，当我悠悠地坐在办公室，俯瞰大都市的繁华，享受宜人的清凉的时候；当单位组织活动，或接受朋友、客户宴请，在酒楼享受美味佳肴、觥筹交错的时候；当我出差到上海，大学同学晚上陪我在"洋人"密集、醉眼迷离的"上海新天地"流连漫步的时候；当我在椰林婆娑、碧水蓝天的海南三亚尽情游玩的时候；2007年来到顺德以后，当我以"博士"身份参加相关活动享受尊严与"高贵"的时候……无数次——是的，无数次，我由衷地感恩生活和工作中的点点滴滴：这么多年以来，有太多的亲人、太多的朋友、太多的同事、太多的老师，给予了我今生都难以回报的关心和温暖。有些人，有些事，不想则已，一想起来，噙满双眼的全是泪水……

下面，我愿以足够的谦卑和虔诚，鞠躬感恩：

我要深深感恩生我养我的父母。特别是父亲，是他，给予了我人生颠覆性的改变。小学时我就读于四川省梁平县[①]城西乡回兴村小学，成绩几乎每次都是第一名。然而，那毕竟是一所校舍破旧、师资贫乏的农村小学。1982年，我升初中时只考上了城西乡中学，而城西乡中学几乎就是回农村务农的一种过渡，几乎没有人初中毕业以后能够升上高中。因此，我父亲深谋远虑，没有让我去城西乡中学读书，而是通过我的小学老师钱世习老师和游邦举老师（后者

① 1997年重庆直辖市成立以后梁平县由四川省划归重庆市管辖。

已故），让我到城西乡中心小学（语文：黄之瀚老师；数学：杨世琼老师）复读了一年。对我而言，这是一个命运攸关的转折点。因为城西乡中心小学比回兴村小学教学质量高很多，加上我底子还不错，复读一年之后，我顺利考上了当时四川省的省属重点中学梁平中学初中部，然后“青云直上”，梁平中学高中部、中南财经大学。后来，我一直在想，如果没有当初父亲的这一决定，我现在有可能像我老家的一些同伴一样，在长三角或者珠三角的某个工厂艰辛而默默地打工，而不是像现在这样在城市里过着某种体面而有尊严的生活。

我要深深感恩中国工商银行湖北省分行国际业务部，深深感恩中国工商银行湖北省分行，深深感恩中国工商银行，感恩在那里认识的人，感恩在那里经历的事。在那里，省工行从方方面面培养了我，滋养了我，锻炼了我。11年，我成长于那片沃土，开启了人生的新走向，并将为此受益一生。11年，感恩岁月的恩泽，中国工商银行为我提供了必要的生活历练和世俗的人际体验。11年，工行文化的血脉成了一条永远也割不断的脐带，将奠定我一生的坐标和指向。所以，今生今世，无论我走到哪里，如果有人问我“你曾经在哪里工作？”，我会很骄傲很自豪地回答：ICBC（中国工商银行简称）！在这里，我尤其要感恩湖北省分行国际业务部先后继任的两位总经理：何晓虹女士和陈安健先生。何晓虹女士任总经理期间，我在她领导下的办公室工作，其过人的胆略和智识以及游刃有余的管理能力，让我感悟很多，对我影响很大。其后的陈安健先生，热情奔放、思维敏捷、待人友善，对我极尽关照，值得我一生铭记。

我要深深感恩中南财经政法大学的余鑫炎教授，老先生招收我为他的弟子，奠定了我人生的重大转折，他对我一生的意义不亚于当年父亲深谋远虑对我一生的意义。先生待我，如春风化雨，俯仰之处皆是甘霖。先生的学识和智慧，先生的宽厚和胸襟，同样将泽被一生。

我要深深感恩顺德职院经管学院先后继任的两位院长：高新和教授和齐振彪教授。在顺德职院，我发现并挖掘了自己独一无二的天赋和才能，这是我人生的“风水宝地”。2007年6月博士快毕业时到顺德职院面试，负责试讲考评的督导组（当时招聘录用的第一关）认为我没有教书经验，讲课水平差，将我否决，是高新和院长据理力争才得以将我收留。如果没有当初高新和院长的争取，我的人生将会怎样转向？我无法想象，如果没有在顺德职院工作，我能否借天时地利人和，开启我人生的辉煌？因此，高新和院长对我而言有知遇之恩。其后的齐振彪院长（现已升任顺德职院党委副书记），在我去厦门大学做博士后这个问题上，他给予了我充分的理解和有力的支持。齐院长和我一样，同样出自农门，很多东西感同身受，因此，除了工作，在生活上，他也给予了我很多兄长般无微不至的体贴和关照，对此，我感激不尽！齐振彪院长品质淳朴、待人宽厚、管理有道，深得民心。在这里，我要向他表达特别的敬意！

我要深深感恩厦门大学的史秋衡教授。是史老师的恩赐，让我得以有机会在厦门大学教育研究院找到学术的意义，让我得以建构我的学术理解和科研范式，从而影响我的学术人生。而且，厦门大学的生活在丰富我的人生阅历的同时，也为此书以及今后将出版的《沟通的智慧》提供了不少多姿多彩、回味无穷的案例。

我要深深感恩我的母校梁平中学和中南财经政法大学，深深感恩我的博士后研究单位厦门大学，深深感恩我目前的工作单位顺德职业技术学院。我在梁平中学度过了六年的快乐时光，我今生所有的荣耀和幸福都奠基于此。在那里，有清澈的生命，有纯粹的向往，还有永恒的念想。中南财经政法大学则纵贯了我激情、澎湃而又可爱的青春，给予了我期待，同时为我的庸常生活写下了神秘而骄人的精神注脚，回想那里的岁月，一切都是甜美的。在厦门大学，我是孤独而沸腾的。那份孤独，是因为对世俗生活的摈弃和对心中美好的静守；那份沸腾，则是因为我的学术天性得以在其中尽情释放。顺德职业技术学院则在我的人生旅程中具有里程碑的意义：在这里，世我相忘，天赐良辰美景；在这里，梦想悄然展翅……

我还要特别感恩我的妻子。2002年8月24日，星期天，一个阳光灿烂的日子，下午。按照惯例，我到住地附近的中南财经政法大学运动场跑步时，看见一位清纯而美丽的姑娘在散步，我心动了。我当时想，如果跑完20圈她还在操场的话，我就要主动迎上去和她搭讪……我们因此而相识。这些年来，每当我遭遇困难或者挫折时，妻子都会给予我热忱的鼓励；每当我取得一点进步或者在她面前展现才华时，妻子一定会给予我暖意盈盈的赞美；在追逐梦想的过程中，妻子则在时间和精神上给予了我坚定的支持。《红楼梦》主题曲《枉凝眉》中有这样一句歌词：“若说没奇缘，今生偏又遇着他（她）”，好几次听到这里都让我鼻子酸酸……

我更要由衷感恩我的人生旅程，由衷感恩我所邂逅的这个社会，由衷感恩我所邂逅的这个时代。正是这个社会和这个时代给了我可能性的范围，让我成为了我自己。正如加德纳所说，一个人潜能的激活，不但“取决于个体在他本人、家庭、老师和其他人影响下所做出的选择和决定”，也“取决于人类个体所处的特定文化背景的价值观，取决于那种文化背景所提供的机会是否允许”。[①]一首歌的歌词准确地表达了我对这个社会和时代的心声：谢谢你 让我可以在平凡的世界 发现我自己……

对生活深怀感恩之心，这是我幸福的源泉之一。因为对积极的东西心怀感激，会让我们的生活更加开心。

高情商是人生幸福的DNA。要幸福，就应提升自己的情商。幸福是自由的，没有压力的，高情商的人大多能做到这一点。

三、我会不断创造属于我个人的奇迹

一个情商高的人应该是这样一个人：心理健康、情绪稳定、自信乐观，能够并善于从平凡的生活中挖掘和寻找快乐。或者说，高情商是健全人格与高尚情操的完美结合。高情商的人能够做到准确地了解自己，理智地克服冲动，有延迟满足欲望的克制力，能够设身处地地为他人着想，真诚地理解社会，有不屈不挠的勇气，永恒地鞭策自我，激励人生。我，Mr.刘宗劲正是如此。

对我而言，生活就是一种恩典。抛开细枝末节，回首并瞻望这触动心底的“人”的生活，我成天“处在兴奋之中或陶醉于自己的才赋之中：如此出色，如此高贵，如此沉静”[②]。对于生活，我始终满怀初恋般的热情；对于梦想，我始终满怀宗教般的意志。我快乐和幸福的最根本原因在于我一直在向往并追逐我的梦想，在追逐梦想的过程中，生命逐渐展现出万川映月般的辽阔、澄明和宁静。按照亚里士多德的说法，这种快乐“是灵魂的快乐，（因为）一个人

① [美]霍华德·加德纳著，沈致襄译，沈致隆审校：《重构多元智能》，中国人民大学出版社2008年版，第27页。

② [英]约翰·亨利·纽曼著，徐辉、顾建新、何曙荣译：《大学的理想》，浙江教育出版社2001年版，第39页。

总是对自己所喜爱的事物感到快乐”[1]。

事实上，一个人最好的生活状态就是他的潜能、天赋、特长和志趣能够和他的职业融为一体，这样，他就能够在这种职业中不断获得成就感。

歌德说，只要我们走在正确的道路上，冥冥之中就会有一只手引领我们走向人生的幸福之路。我在厦门大学所做的博士后研究课题是自选的“学生发展”。“学生发展”不仅仅包含技术的维度，如知识与技能，更主要的是一种道德的和情感的维度，因此，“学生发展”与“情商”本身存在着重要的关联。记得2009年冬天刚到厦门大学教育研究院参加导师主持的每周一次的学术沙龙时，导师建议我跟着他的国家级课题做研究，我当时坚持了自己的方向。一是因为导师的课题属量化研究，我既不擅长也没什么兴趣；二是我之所以自选“学生发展”作为博士后研究课题，因为我朦朦胧胧中对此话题很感兴趣。没想到，在博士后研究期间，在研读“学生发展”相关文献资料时，我发现了大量与情商相关联的资料。这些资料，对于系统建构我的情商研究视角和情商理论具有很大的启发意义，并进一步丰富了我对情商的理解。

所以，20世纪神话学家约瑟夫·坎贝尔被问及他是否有被“看不见的双手帮助”过时，他回答说：“那真是神奇的时刻。我甚至形成了一种迷信——世上确实有看不见的力量在帮我——只要你跟随自己的天赋和内心，你就会发现生命的轨迹原已存在，正期待你的光临，你所经历的正是你应拥有的生活。当你能够感觉到自己正行走在命运的轨道上，你会发现，你周围的人开始不断地给你带来新的机会。不要怕，听从你内心的召唤，当你迷惘的时候，生活就会向你敞开大门。”[2]

我深信，我的未来会有很多可值期待的东西，我会不断创造属于我个人的奇迹，我的一生将是绚烂动人的。

遵循您的内心，换一张笑脸，换一种活法，但是，骄傲的心永远也不要改变！

---

①［古希腊］亚里士多德著，苗力田译：《尼各马科伦理学》，中国人民大出版社2003年版，第14页。

②［以］泰勒·本·沙哈尔著，汪冰、刘骏杰译：《幸福的方法》，当代中国出版社2009年版，第77页。

后 记

展现在您面前的这本书，从2013年春节完成初稿到2014年出版面世，历经一年有余，倾注了大量心血，同事谭钻然老师了解其间的所有细节，前几天她还不无感慨地对我说：“你为这本书所做的事情，都可以再写一本书了。”

写作这本书的念想，来自于2010年暑假的一次叙谈。有一天晚上，我去我所熟悉的中南财经政法大学肖翠祥老师家中聊天，谈到我在学校开设“沟通与情商”课程并到企业做“团队沟通”“团队情商”培训的反响，并称以后我很可能上电视讲沟通，因为沟通对每个人来说都很重要，而我对沟通的理解和阐释生动、幽默、直抵人心，充满了强大的正能量，深受学生和社会人士的欢迎。肖老师说：“既然你有这种想法，你可以考虑先写一本关于情商的书，试探市场。”因为我这个人有时反应迟钝，慢半拍，所以，当时并没有特别在意这句话。因为强烈的兴趣，琢磨“沟通和情商”已经成了我每天生活的重要组成部分，肖老师的建议从某一天开始在我心中潜滋暗长，于是我开始有意做这方面的工作，并计划2013年完成这本书稿。之所以定在2013年，是因为2010年至2012年三年时间，我要在厦门大学认真完成我的博士后研究工作任务。

在这三年，我一边继续给学生讲“沟通与情商”，一边不断完善相关内容。2013年春节期间，我对照我的授课内容，以每天六七千字的速度完成了此书的初稿。之所以写得这么快，主要源于近八年来情商研究的积累。

写完以后，妻子是第一个读者。因为本书带有自传色彩，我的很多人生经历她都了解。她心无旁骛地用了整整一天时间就把书稿看完了。看完后她说：“我本来对你很了解的，但经你这么一解读，我发现你的人生好传奇啊！”我问她：“看完书稿，你认为我能实现那三个梦想吗？”妻子坚定地说：“能，一定能！”

考虑到本书出版后将产生的社会反响，书稿完成之后，我找了一些熟悉的人试读，以广泛征求意见。他们是：我的父亲、姐姐、弟弟以及重庆工商大学饶晓红同学、深圳某证券公司陈守红先生、中国工商银行湖北省分行国际业务部任春英女士、中国石化集团四川维尼纶厂周连昌先生、顺德职业技术学院谭钻然老师、武汉理工大学毕其玉老师、深圳市国税局叶潮女士、顺德职业技术学院陈楚欣同学、华中师范大学郑宁先生、重庆啤酒股份有限公司永川分公司曾厚富先生、大学同学杨元高先生。所有这些试读者，读完书稿后给予了我一边倒的盛赞。其中陈守红先生两次打来电话，他说："这本书出版以后一定会产生重大影响，因为现在这个社会和时代非常需要这种传递正能量的著作。书出版之后，我一定会买很多本送给我的所有朋友……我相信，时间会站在你这一边，通过口口相传，此书一定会成为一本世代流传的经典。现在的问题是，这个社会很浮躁，国民的阅读率不高，没有多少人有读书的习惯。所以，你有责任、有义务去想办法推销这本书，当然，这样做并不是为了功利地推销这本书，而是为了影响更多的人。待这本书出版之后，我强烈希望你直接去中央电视台开讲'沟通和情商'。"

谭钻然老师和我心有灵犀，是我很好的朋友。读完书稿后，她和我详细谈了书稿给她带来的美好感受，然后说："我对你很了解，所以，我完全认同你在情商的解读中对自己的描述和分析。但是，如果一个陌生人看完这本书，他不一定会相信你。因为他会想，现在这个世界上还有这么纯的人吗？我建议你再找一些陌生人试读书稿，听听他们的意见。"

当时一听，觉得很有道理。毕竟，此书的读者绝大部分将是陌生人。于是，通过在QQ群中发消息寻找志愿者和朋友介绍两种方式找了一些陌生人，然后以快递的方式将纸质书稿邮寄给了他们。他们是：山东交通学院李洪华老师、广东广电退休高级工程师吴祖芳老人、中共河南省委党校徐学庆博士、中国人民银行重庆营业管理部邓朝晖女士、四川省社会科学院奉春梅女士、湖南省澧县黄桥小学刘辉老师、武汉市新闻出版局肖开元先生、厦门大学10级硕士研究生周文虹同学和李倩倩同学、北京新华网张安洁小姐、美国威嘉国际律师事务所驻上海市代表处张颖小姐、泉州幼儿师范高等专科学校潘芬芬老师、湖南楚才伟业投资管理有限公司副总经理王德辉先生。

除了以上人士，我还想找一位政府官员作为试读者代表，我冒昧找到曾经有过一面之缘、介于熟悉者和陌生人之间的顺德教育局常务副局长陈锡钊先生，希望他支持，他也非常乐意地接受了我的请求。

陌生人的试读评价是最真实的，因为他们完全不认识我、不了解我。在陌生人的试读反馈中，8%的不置可否；21%的给予了简短的中性评价；21%的给予了有限度的赞美；另有50%的读者对这本书给予了热情的、详尽的鼓励和赞美。我想，一本书不可能打动所有读者的内心，就像我们每个人不可能讨所有人欢心一样。能够有一半的陌生人“大赞”这本书，同样让我备受鼓舞。

不管是熟悉者还是陌生人，反馈意见中他们都对本书的基调和一些细节提出了不少宝贵的意见，所以，现在呈现在您面前的这本书，和初稿相比，有很大程度的完善。我由衷地感谢上述人士，谢谢！

2013年全国两会期间，新华网、人民网等各大国内主流网站刊载了对全国政协委员、华中师范大学党委书记马敏教授的专访。在专访中，马敏教授感叹当前中国的教育“智商过分发达，情商极度缺失”，并呼吁加强情商教育，注重学生非智力潜能的开发。看完专访，我能够充分感受马敏教授精神的慷慨、责任的担当和内心的仁爱，一个念头迅速闪入脑海：到时请马敏教授为本书把关并作序。请马敏教授作序，目的有两个，一是为本书增辉添彩，二是期待通过他的“鲜花着锦”，让高情商这种阳光、健康、温暖的正能量能够更多地影响这个社会和时代。在书稿基本定稿以后，我于当年10月找到他，希望他能为本书作序。当时他很高兴，说先看看书稿再说。12月，他欣然为本书写了一份热情洋溢的序言。

在这个世俗的社会，很多人愿意为他人锦上添花，愿意雪中送炭的人却很少很少。对于我这样一个名不见经传的小人物，能够得到马敏教授的认可和帮助，我将一生铭记并永远感恩于怀！

本书的书名原定为“情商的魅力”，在出版过程中，编辑们谈到，尽管“情商的魅力”很好地概括了本书的主题，但此书名难以吸引读者的眼球。因为对读者而言，我现在不是名人，他看到书名的第一直观反应会是：“这本书能够给我带来什么‘好处’？”而“情商的魅力”这个书名并没有完全契合读者的心理需求。我觉得很有道理，因为这本书不是给我看的，而是给读者看的，那么，就应该换位思考，站在读者的角度考虑。于是，在2014年清明期间，我绞尽脑汁想出了以下书名：“情商的魅力：让人生闪亮”“情商的魅力：直抵人心的力量”“情商的魅力：唤醒您的自由心性”“情商的魅力：唤醒您的生命力量”“情商的魅力：在众生喧哗中惊艳生命”“情商的魅力：给生命一束追光”“情商的魅力：给人生最灿烂的自由”“高情商：打造您的个人魅力”，加上先前的书名“情商的魅力”，我在QQ好友中找了30位朋友，让他们在其中做选择，同时上课时在课堂上做了测试，结果表明：“高情商：打造您的个人魅力”高居第一，其次是“情商的魅力：在众生喧哗中惊艳生命”，排名第三的是“情商的魅力：给生命一束追光”。其中，一个叫朱逸娜的同学对我说：“我专门征求了好几个同学的意见。他们建议用‘你’而不是‘您’，因为这样才能与读者平等交流。”我一想，似乎有理，于是，给12文秘班上课时把“高情商：打造您的个人魅力”和“高情商：打造你的个人魅力”这两个书名拿到课堂上进行投票测试，大多选择了后者，这就是本书书名的由来。另外，顺德职业技术学院的陈建华教授、盖青教授以及麦柳转、郑炯坚、陈楚欣、黄家瑜等同学在书名的构思过程中也为我提供了很大的帮助，在此一并致谢！

由衷感谢南方日报出版社刘志一博士对本书出版的大力支持，他和编辑黎衡先生一道，为本书的编校做了大量细致有成效的工作，他们的敏锐视角和专业精神同样让我深为折服。

本书既是一本情商普及书，同时又是一部以质的研究（叙事研究）范式写作的学术著作。但有少数地方没有引注原文出处，原因有两点：第一，有些内容来源于我多年以来的读书看报笔记，先前没有引注意识，所以现在无法提供源文献；第二，国内介绍阐释情商和沟通的书很多，内容宠杂，且大多为“编”著，同样的表达或案例不少书上都有，难以考证最初的文献源，导致无法引注。在此特向原作者致歉并致谢！

刘宗劲

2014年4月16日